漁業法

〔令和６年改正〕

〈重要法令シリーズ131〉

信山社
6111-0101

<目　次>

＊ページ数は上部にふられたもの

漁業法

（昭和24年12月15日法律第267号）

目次

（下線部：令和6年6月26日法律第66号、施行日：令和8年4月1日）

第一章　総則

（目的）

第一条　この法律は、漁業が国民に対して水産物を供給する使命を有し、かつ、漁業者の秩序ある生産活動がその使命の実現に不可欠であることに鑑み、水産資源の保存及び管理のための措置並びに漁業の許可及び免許に関する制度その他の漁業生産に関する基本的制度を定めることにより、水産資源の持続的な利用を確保するとともに、水面の総合的な利用を図り、もつて漁業生産力を発展させることを目的とする。

（定義）

第二条　この法律において「漁業」とは、水産動植物の採捕又は養殖の事業をいう。

2　この法律において「漁業者」とは、漁業を営む者をいい、「漁業従事者」とは、漁業者のために水産動植物の採捕又は養殖に従事する者をいう。

3　この法律において「水産資源」とは、一定の水面に生息する水産動植物のうち有用なものをいう。

（適用範囲）

第三条　公共の用に供しない水面には、別段の規定がある場合を除き、この法律の規定を適用しない。

第四条　公共の用に供しない水面であつて公共の用に供する水面と連接して一体を成すものには、この法律を適用する。

（共同申請）

第五条　この法律又はこの法律に基づく命令に規定する事項について共同して申請しようとするときは、そのうち一人を選定して代表者とし、これを行政庁に届け出なければならない。代表者を変更したときも、同様とする。

2　前項の届出がないときは、行政庁は、代表者を指定する。

3　代表者は、行政庁に対し、共同者を代表する。

4　前三項の規定は、共同して第六十条第一項に規定する漁業権又はこれを目的とする抵当権若しくは同条第七項に規定する入漁権を取得した場合に準用する。

（国及び都道府県の責務）

第六条　国及び都道府県は、漁業生産力を発展させるため、水産資源の保存及び管理を適切に行うとともに、漁場の使用に関する紛争の防止及び解決を図るために必要な措置を講ずる責務を有する。

第二章　水産資源の保存及び管理

第一節　総則

（定義）

第七条　この章において「漁獲可能量」とは、水産資源の保存及び管理（以下「資源管理」という。）のため、水産資源ごとに一年間に採捕することができる数量の最高限度として定められる数量をいう。

2　この章において「管理区分」とは、水産資源ごとに漁獲量の管理を行うため、特定の水域及び漁業の種類その他の事項によつて構成される区分であつて、農林水産大臣又は都道府県知事が定めるものをいう。

3　この章において「漁獲努力量」とは、水産資源を採捕するために行われる漁ろうの作業の量であつて、操業日数その他の農林水産省令で定める指標によつて示されるものをいう。

4　この章において「漁獲努力可能量」とは、管理区分において当該管理区分に係る漁獲可能量の数量の水産資源を採捕するために通常必要と認められる漁獲努力量をいう。

（資源管理の基本原則）

第八条　資源管理は、この章の規定により、漁獲可能量による管理を行うことを基本としつつ、稚魚の生育その他の水産資源の再生産が阻害されることを防止するために必要な場合には、次章から第五章までの規定により、漁業時期又は漁具の制限その他の漁獲可能量による管理以外の手法による管理を合わせて行うものとする。

2　漁獲可能量による管理は、管理区分ごとに漁獲可能量を配分し、それぞれの管理区分において、その漁獲可能量を超えないように、漁獲量を管理することにより行うものとする。

3　漁獲量の管理は、それぞれの管理区分において、水産資源を採捕しようとする者に対し、船舶等（船舶その他の漁業の生産活動を行う基本的な単位となる設備をいう。以下同じ。）ごとに当該管理区分に係る漁獲可能量の範囲内で水産資源の採捕をすることができる数量を割り当てること（以下この章及び第四十三条において「漁獲割当て」という。）により行うことを基本とする。

4　漁獲割当てを行う準備の整つていない管理区分における漁獲量の管理は、当該管理区分において水産資源を採捕する者による漁獲量の総量を管理することにより行うものとする。

5　前項の場合において、水産資源の特性及びその採捕の実態を勘案して漁獲量の総量の管理を行うことが適当でないと認められるときは、当該管理に代えて、当該管理区分において当該管理区分に係る漁獲努力可能量を超えないように、当該管理区分において水産資源を採捕するために漁ろうを行う者による漁獲努力量の総量の管理を行うものとする。

第二節　資源管理基本方針等

（資源調査及び資源評価）

第九条　農林水産大臣は、海洋環境に関する情報、水産資源の生息又は生育の状況に関する情報、採捕及び漁ろうの実績に関する情報その他の資源評価（水産資源の資源量の水準及びその動向に関する評価をいう。以下この章において同じ。）を行うために必要となる情報を収集するための調査（以下この条及び次条第三項において「資源調査」という。）を行うものとする。

2　農林水産大臣は、資源調査を行うに当たつては、人工衛星に搭載される観測用機器、船舶に搭載される魚群探知機その他の機器を用いて、情報を効率的に収集するよう努めるものとする。

3　農林水産大臣は、資源調査の結果に基づき、最新の科学的知見を踏まえて資源評価を実施するものとする。

4　農林水産大臣は、資源評価を行うに当たつては、全ての種類の水産資源について評価を行うよう努めるものとする。

5　農林水産大臣は、国立研究開発法人水産研究・教育機構に、資源調査又は資源評価に関する業務を行わせることができる。

（都道府県知事の要請等）

第十条　都道府県知事は、農林水産大臣に対し、資源評価が行われていない水産資源について資源評価を行うよう要請をすることができる。

2　都道府県知事は、前項の規定により要請をするときは、当該要請に係る資源評価に必要な情報を農林水産大臣に提供しなければならない。

3　都道府県知事は、前項の規定による場合のほか、農林水産大臣の求めに応じて、資源調査に協力するものとする。

（資源管理基本方針）

第十一条　農林水産大臣は、資源評価を踏まえて、資源管理に関する基本方針（以下この章及び第百二十五条第一項第一号において「資源管理基本方針」という。）を定めるものとする。

2　資源管理基本方針においては、次に掲げる事項を定めるものとする。

一　資源管理に関する基本的な事項

二　資源管理の目標

三　特定水産資源（漁獲可能量による管理を行う水産資源をいう。以下同じ。）及びその管理年度（特定水産資源の保存及び管理を行う年度をいう。以下この章において同じ。）

四　特定水産資源ごとの大臣管理区分（農林水産大臣が設定する管理区分をいう。以下この章において同じ。）

五　特定水産資源ごとの漁獲可能量の都道府県及び大臣管理区分への配分の基準

六　大臣管理区分ごとの漁獲量（第十七条第一項に規定する漁獲割当管理区分以外の管理区分にあつては、漁獲量又は漁獲努力量。第十四条第二項第四号において同じ。）の管理の手法

七　漁獲可能量による管理以外の手法による資源

管理に関する事項

八　その他資源管理に関する重要事項

3　農林水産大臣は、資源管理基本方針を定めようとするときは、水産政策審議会の意見を聴かなければならない。

4　農林水産大臣は、資源管理基本方針を定めたときは、遅滞なく、これを公表しなければならない。

5　農林水産大臣は、直近の資源評価、最新の科学的知見、漁業の動向その他の事情を勘案して、資源管理基本方針について検討を行い、必要があると認めるときは、これを変更するものとする。

6　第三項及び第四項の規定は、前項の規定による資源管理基本方針の変更について準用する。

（資源管理の目標等）

第十二条　前条第二項第二号の資源管理の目標は、資源評価が行われた水産資源について、水産資源ごとに次に掲げる資源量の水準（以下この条及び第十五条第二項において「資源水準」という。）の値を定めるものとする。

一　最大持続生産量（現在及び合理的に予測される将来の自然的条件の下で持続的に採捕することが可能な水産資源の数量の最大値をいう。次号において同じ。）を実現するために維持し、又は回復させるべき目標となる値（同号及び第十五条第二項において「目標管理基準値」という。）

二　資源水準の低下によつて最大持続生産量の実現が著しく困難になることを未然に防止するため、その値を下回つた場合には資源水準の値を目標管理基準値にまで回復させるための計画を定めることとする値（第十五条第二項第二号において「限界管理基準値」という。）

2　水産資源を構成する水産動植物の特性又は資源評価の精度に照らし前項各号に掲げる値を定めることができないときは、当該水産資源の漁獲量又は漁獲努力量の動向その他の情報を踏まえて資源水準を推定した上で、その維持し、又は回復させるべき目標となる値を定めるものとする。

3　前条第二項第三号の管理年度は、特定水産資源の特性及びその採捕の実態を勘案して定めるものとする。

4　前条第二項第五号の配分の基準は、水域の特性、漁獲の実績その他の事項を勘案して定めるものとする。

（国際的な枠組みとの関係）

第十三条　農林水産大臣は、資源管理基本方針を定めるに当たつては、水産資源の持続的な利用に関する国際機関その他の国際的な枠組み（我が国が締結した条約その他の国際約束により設けられたものに限る。以下この章及び第五十二条第二項において「国際的な枠組み」という。）において行われた資源評価を考慮しなければならない。

2　農林水産大臣は、資源管理基本方針を定めようとするときは、国際的な枠組みにおいて決定されている資源管理の目標その他の資源管理に関する事項を考慮しなければならない。

3　農林水産大臣は、国際的な枠組みにおいて資源管理の目標その他の資源管理に関する事項が新たに決定され、又は変更されたときは、資源管理基本方針に検討を加え、必要があると認めるときは、第十一条第五項の規定により資源管理基本方針を変更しなければならない。

（下線部：令和6年6月26日法律第66号、施行日：令和8年4月1日）

（都道府県資源管理方針）

第十四条　都道府県知事は、資源管理基本方針に即して、当該都道府県において資源管理を行うための方針（以下この章及び第百二十五条第一項第一号において「都道府県資源管理方針」という。）を定めるものとする。ただし、特定水産資源の採捕が行われていない都道府県の知事については、この限りでない。

2　都道府県資源管理方針においては、次に掲げる事項を定めるものとする。

一　資源管理に関する基本的な事項

二　特定水産資源ごとの知事管理区分（都道府県知事が設定する管理区分をいう。以下この章において同じ。）

三　特定水産資源ごとの漁獲可能量（当該都道府県に配分される部分に限る。）の知事管理区分への配分の基準

四　知事管理区分ごとの漁獲量の管理の手法

五　漁獲可能量による管理以外の手法による資源

管理に関する事項

六　その他資源管理に関する重要事項

3　前項第三号の配分の基準は、水域の特性、漁獲の実績その他の事項を勘案して定めるものとする。

4　都道府県知事は、都道府県資源管理方針を定めようとするときは、関係海区漁業調整委員会の意見を聴かなければならない。

5　都道府県知事は、都道府県資源管理方針を定めようとするときは、農林水産大臣の承認を受けなければならない。

6　都道府県知事は、都道府県資源管理方針を定めたときは、遅滞なく、これを公表しなければならない。

7　農林水産大臣は、資源管理基本方針の変更により都道府県資源管理方針が資源管理基本方針に適合しなくなつたと認めるときは、当該都道府県資源管理方針を定めた都道府県知事に対し、当該都道府県資源管理方針を変更すべき旨を通知しなければならない。

8　都道府県知事は、前項の規定により通知を受けたときは、都道府県資源管理方針を変更しなければならない。

9　都道府県知事は、前項の場合を除くほか、直近の資源評価、最新の科学的知見、漁業の動向その他の事情を勘案して、都道府県資源管理方針について検討を行い、必要があると認めるときは、これを変更するものとする。

10　第四項から第六項までの規定は、前二項の規定による都道府県資源管理方針の変更について準用する。

第三節　漁獲可能量による管理

第一款　漁獲可能量等の設定

（農林水産大臣による漁獲可能量等の設定）

第十五条　農林水産大臣は、資源管理基本方針に即して、特定水産資源ごと及びその管理年度ごとに、次に掲げる数量を定めるものとする。

一　漁獲可能量

二　漁獲可能量のうち各都道府県に配分する数量（以下この章において「都道府県別漁獲可能量」という。）

三　漁獲可能量のうち大臣管理区分に配分する数量（以下この節及び第百二十五条第一項第四号において「大臣管理漁獲可能量」という。）

2　農林水産大臣は、次に掲げる基準に従い漁獲可能量を定めるものとする。

一　資源水準の値が目標管理基準値を下回つている場合（次号に規定する場合を除く。）は、資源水準の値が目標管理基準値を上回るまで回復させること。

二　資源水準の値が限界管理基準値を下回つている場合は、農林水産大臣が定める第十二条第一項第二号の計画に従つて、資源水準の値が目標管理基準値を上回るまで回復させること。

三　資源水準の値が目標管理基準値を上回つている場合は、資源水準の値が目標管理基準値を上回る状態を維持すること。

四　第十二条第二項の目標となる値を定めたときは、同項の規定により推定した資源水準の値が当該目標となる値を上回るまで回復させ、又は当該目標となる値を上回る状態を維持すること。

3　農林水産大臣は、第一項各号に掲げる数量を定めようとするときは、水産政策審議会の意見を聴かなければならない。

4　農林水産大臣は、都道府県別漁獲可能量を定めようとするときは、関係する都道府県知事の意見を聴くものとし、その数量を定めたときは、遅滞なく、これを当該都道府県知事に通知するものとする。

5　農林水産大臣は、第一項各号に掲げる数量を定めたときは、遅滞なく、これを公表しなければならない。

6　前三項の規定は、第一項各号に掲げる数量の変更について準用する。

（知事管理漁獲可能量の設定）

第十六条　都道府県知事は、都道府県資源管理方針に即して、都道府県別漁獲可能量について、知事管理区分に配分する数量（以下この節及び第百二十五条第一項第四号において「知事管理漁獲可能量」という。）を定めるものとする。

2　都道府県知事は、知事管理漁獲可能量を定めようとするときは、関係海区漁業調整委員会の意見を聴かなければならない。

3　都道府県知事は、知事管理漁獲可能量を定めようとするときは、農林水産大臣の承認を受けなければならない。

4　都道府県知事は、知事管理漁獲可能量を定めたときは、遅滞なく、これを公表しなければならない。

5　前三項の規定は、知事管理漁獲可能量の変更について準用する。この場合において、第三項中「定めようとするとき」とあるのは、「変更しようとするとき（農林水産省令で定める軽微な変更を除く。）」と読み替えるものとする。

6　都道府県知事は、前項において読み替えて準用する第三項の農林水産省令で定める軽微な変更をしたときは、遅滞なく、その旨を農林水産大臣に報告しなければならない。

第二款　漁獲割当てによる漁獲量の管理

（漁獲割当割合の設定）

第十七条　漁獲割当てによる漁獲量の管理を行う管理区分（以下この節並びに第百二十四条第一項及び第百三十二条第二項第一号において「漁獲割当管理区分」という。）において当該漁獲割当ての対象となる特定水産資源を採捕しようとする者は、当該管理区分が大臣管理区分である場合には農林水産大臣、知事管理区分である場合には当該知事管理区分に係る都道府県知事に申請して、当該特定水産資源の採捕に使用しようとする船舶等ごとに漁獲割当ての割合（以下この款において「漁獲割当割合」という。）の設定を求めることができる。

2　前項の漁獲割当割合の有効期間は、一年を下らない農林水産省令で定める期間とする。

3　農林水産大臣又は都道府県知事は、漁獲割当割合の設定をしようとするときは、あらかじめ、漁獲割当管理区分ごとに、船舶等ごとの漁獲実績その他農林水産省令で定める事項を勘案して設定の基準を定め、これに従つて設定を行わなければならない。

4　農林水産大臣又は都道府県知事は、漁獲割当ての対象となる特定水産資源の再生産の阻害を防止するために漁業時期若しくは漁具の制限その他の漁獲可能量による管理以外の手法による資源管理を行う必要があると認めるとき、又は漁獲割当割合の設定を受けた者の間の紛争を防止する必要があると認めるときは、漁獲割当割合の設定を、当該漁獲割当ての対象となる特定水産資源の採捕に係る漁業に係る許可等（第三十六条第一項若しくは第五十七条第一項の許可又は第三十八条（第五十八条において準用する場合を含む。）の認可をいう。）を受け、又は当該採捕に係る個別漁業権（第六十二条第二項第一号ホに規定する個別漁業権をいう。）を有する者（第二十三条第二項第一号において「有資格者」という。）に限ることができる。

（漁獲割当割合の設定を行わない場合）

第十八条　前条第一項の規定により申請した者が次の各号に掲げる者のいずれかに該当するときは、農林水産大臣又は都道府県知事は、漁獲割当割合の設定を行つてはならない。

一　漁業又は労働に関する法令を遵守せず、かつ、引き続き遵守することが見込まれない者

二　暴力団員による不当な行為の防止等に関する法律（平成三年法律第七十七号）第二条第六号に規定する暴力団員又は同号に規定する暴力団員でなくなつた日から五年を経過しない者（以下「暴力団員等」という。）

三　法人であつて、その役員又は政令で定める使用人のうちに前二号のいずれかに該当する者があるもの

四　暴力団員等がその事業活動を支配する者

五　その申請に係る漁業を営むに足りる経理的基礎を有しない者

2　農林水産大臣又は都道府県知事は、前項の規定により漁獲割当割合の設定を行わないときは、あらかじめ、当該申請者にその理由を文書をもつて通知し、公開による意見の聴取を行わなければならない。

3　前項の意見の聴取に際しては、当該申請者又はその代理人は、当該事案について弁明し、かつ、証拠を提出することができる。

（年次漁獲割当量の設定）

第十九条　農林水産大臣又は都道府県知事は、農林

水産省令で定めるところにより、管理年度ごとに、漁獲割当割合設定者（第十七条第一項の規定により漁獲割当割合の設定を受けた者をいう。以下この款において同じ。）に対し、年次漁獲割当量（漁獲割当管理区分において管理年度中に特定水産資源を採捕することができる数量をいう。以下この款及び第百三十二条第二項第一号において同じ。）を設定する。

2　年次漁獲割当量は、当該管理年度に係る大臣管理漁獲可能量又は知事管理漁獲可能量に漁獲割当割合設定者が設定を受けた漁獲割当割合を乗じて得た数量とする。

3　農林水産大臣又は都道府県知事は、第一項の規定により年次漁獲割当量を設定したときは、当該年次漁獲割当量の設定を受けた者（以下この款及び第百三十二条第二項第一号において「年次漁獲割当量設定者」という。）に対し当該年次漁獲割当量を通知するものとする。

4　農林水産大臣又は都道府県知事は、政令で定めるところにより、年次漁獲割当量設定者の同意を得て、電磁的方法（第百六条第五項に規定する電磁的方法をいう。）により通知を発することができる。

（漁獲割当管理原簿）

第二十条　農林水産大臣又は都道府県知事は、漁獲割当管理原簿を作成し、漁獲割当割合及び年次漁獲割当量の設定、移転及び取消しの管理を行うものとする。

2　漁獲割当管理原簿については、行政機関の保有する情報の公開に関する法律（平成十一年法律第四十二号）の規定は、適用しない。

3　漁獲割当管理原簿に記録されている保有個人情報（個人情報の保護に関する法律（平成十五年法律第五十七号）第六十条第一項に規定する保有個人情報をいう。）については、同法第五章第四節の規定は、適用しない。

4　漁獲割当管理原簿は、電磁的記録（電子的方式、磁気的方式その他人の知覚によつては認識することができない方式で作られる記録であつて、電子計算機による情報処理の用に供されるものとして農林水産省令で定めるものをいう。）で作成することができる。

（漁獲割当割合の移転）

第二十一条　漁獲割当割合は、船舶等とともに当該船舶等ごとに設定された漁獲割当割合を譲り渡す場合その他農林水産省令で定める場合に該当する場合であつて農林水産大臣又は都道府県知事の認可を受けたときに限り、移転をすることができる。この場合において、当該移転を受けた者は漁獲割当割合設定者と、当該移転をされた漁獲割当割合は第十七条第一項の規定により設定を受けた漁獲割当割合と、それぞれみなして、この款の規定を適用する。

2　農林水産大臣又は都道府県知事は、漁獲割当割合の移転を受けようとする者が第十八条第一項各号に掲げる者のいずれかに該当する場合その他農林水産省令で定める場合は、前項の認可をしてはならない。

3　漁獲割当割合設定者が死亡し、解散し、又は分割（漁獲割当割合の設定を受けた船舶等を承継させるものに限る。）をしたときは、その相続人（相続人が二人以上ある場合においてその協議により漁獲割当割合の設定を受けた船舶等を承継すべき者を定めたときは、その者)、合併後存続する法人若しくは合併によつて成立した法人又は分割によつて漁獲割当割合の設定を受けた船舶等を承継した法人は、当該漁獲割当割合設定者の地位(相続又は分割により漁獲割当割合の設定を受けた船舶等の一部を承継した者にあつては、当該一部の船舶等に係る部分に限る。)を承継する。

4　前項の規定により漁獲割当割合設定者の地位を承継した者は、承継の日から二月以内にその旨を農林水産大臣又は都道府県知事に届け出なければならない。

(年次漁獲割当量の移転)

第二十二条　年次漁獲割当量は、他の漁獲割当割合設定者に譲り渡す場合その他農林水産省令で定める場合に該当する場合であつて農林水産大臣又は都道府県知事の認可を受けたときに限り、移転をすることができる。この場合において、当該移転を受けた者は年次漁獲割当量設定者と、当該移転をされた年次漁獲割当量は第十九条第一項の規定により設定を受けた年次漁獲割当量と、それぞれみなして、この款及び第百三十二条第二項第一号の規定を適用する。

2　農林水産大臣又は都道府県知事は、次の各号のいずれかに該当する場合は、前項の認可をしてはならない。

一　年次漁獲割当量の移転を受けようとする者が第十八条第一項各号に掲げる者のいずれかに該当する場合

二　移転をしようとする年次漁獲割当量が、当該移転をしようとする年次漁獲割当量設定者が設定を受けた年次漁獲割当量から当該年次漁獲割当量設定者が当該管理年度において採捕した特定水産資源の数量を減じた数量よりも大きいと認められる場合

三　前二号に掲げる場合のほか、農林水産省令で定める場合

3　年次漁獲割当量設定者が死亡し、解散し、又は分割（年次漁獲割当量を承継させるものに限る。）をしたときは、その相続人（相続人が二人以上ある場合においてその協議により年次漁獲割当量を承継すべき者を定めたときは、その者）、合併後存続する法人若しくは合併によつて成立した法人又は分割によつて年次漁獲割当量を承継した法人は、当該年次漁獲割当量設定者の地位（相続又は分割により年次漁獲

割当量の一部を承継した者にあつては、当該一部の年次漁獲割当量に係る部分に限る。）を承継する。

4　前項の規定により年次漁獲割当量設定者の地位を承継した者は、承継の日から二月以内にその旨を農林水産大臣又は都道府県知事に届け出なければならない。

（適格性の喪失等による取消し）

第二十三条　農林水産大臣及び都道府県知事は、漁獲割当割合設定者又は年次漁獲割当量設定者が第十八条第一項各号（第五号を除く。）に掲げる者のいずれかに該当することとなつた場合には、これらの者が設定を受けた漁獲割当割合及び年次漁獲割当量を取り消さなければならない。

2　農林水産大臣及び都道府県知事は、漁獲割当割合設定者又は年次漁獲割当量設定者が次の各号のいずれかに該当することとなつた場合には、これらの者が設定を受けた漁獲割当割合及び年次漁獲割当量を取り消すことができる。

一　第十七条第四項の規定により漁獲割当割合の設定を有資格者に限る場合において、有資格者でな

くなつた場合

二　第十八条第一項第五号に掲げる者に該当することとなつた場合

3　前二項の規定による処分に係る聴聞の期日における審理は、公開により行わなければならない。

(政令への委任)

第二十四条　第十七条から前条までに定めるもののほか、漁獲割当管理原簿への記録その他漁獲割当てに関し必要な事項は、政令で定める。

(採捕の制限)

第二十五条　漁獲割当管理区分においては、当該漁獲割当管理区分に係る年次漁獲割当量設定者でなければ、当該漁獲割当ての対象となる特定水産資源の採捕を目的として当該特定水産資源の採捕をしてはならない。

2　年次漁獲割当量設定者は、漁獲割当管理区分においては、その設定を受けた年次漁獲割当量を超えて当該漁獲割当ての対象となる特定水産資源の採捕をしてはならない。

（漁獲量等の報告）

第二十六条　年次漁獲割当量設定者は、漁獲割当管理区分において、特定水産資源（次項に規定する特別管理特定水産資源を除く。）の採捕をしたときは、農林水産省令で定める期間内に、農林水産省令又は規則で定めるところにより、漁獲量その他漁獲の状況に関し農林水産省令で定める事項を、当該漁獲割当管理区分が大臣管理区分である場合には農林水産大臣、知事管理区分である場合には当該知事管理区分に係る都道府県知事に報告しなければならない。

2　年次漁獲割当量設定者は、漁獲割当管理区分において、特定水産資源のうち、個体の経済的価値が高く、かつ、国際的な枠組み、資源評価、個体の取引状況その他の事情を勘案して特に厳格な漁獲量の管理を行う必要があると認められるものとして農林水産省令で定めるもの（以下この章及び第二百条第一号において「特別管理特定水産資源」という。）の採捕をしたときは、農林水産省令で定める期間内に、農林水産省令又は規則で定めるところにより、採捕をした個体の数、漁獲量その他漁獲の状況に関し農林水産省令で定める事項を、当該漁獲割当管理区分が大臣管理区分である場合には農林水産大臣、知事管理区分である場合には当該知事管理区分に係る都道府県知事に報告するとともに、農林水産省令で定めるところにより、当該採捕に係る船舶等の名称及び個体ごとの重量その他の農林水産省令で定める事項に関する記録を作成し、その報告をした日から農林水産省令で定める期間保存しなければならない。

3　都道府県知事は、前二項の規定により報告を受けたときは、農林水産省令で定めるところにより、速やかに、当該事項を農林水産大臣に報告するものとする。

（下線部：令和6年6月26日法律第66号、施行日：令和8年4月1日）

（停泊命令等）

第二十七条　農林水産大臣又は都道府県知事は、年次漁獲割当量設定者が、第二十五条第二項の規定に違反してその設定を受けた年次漁獲割当量を超えて特定水産資源の採捕をし、かつ、当該採捕を引き続きするおそれがあるとき、又は前条第二項の規定に違反して採捕した特別管理特定水産資源について報告をせず、若しくは虚偽の報告をし、かつ、当該違反行為を引き続きするおそれがあるときは、当該採捕若しくは当該違反行為をした者が使用する船舶について停泊港及び停泊期間を指定して停泊を命じ、又は当該採捕に使用した漁具その他特定水産資源の採捕の用に供される物について期間を指定してその使用の禁止若しくは陸揚げを命ずることができる。

（下線部：令和6年6月26日法律第66号、施行日：令和8年4月1日）

（年次漁獲割当量の控除）

第二十八条　農林水産大臣又は都道府県知事は、漁獲割当割合設定者である年次漁獲割当量設定者が第二十五条第二項の規定に違反してその設定を受けた年次漁獲割当量を超えて特定水産資源を採捕したときは、その超えた部分の数量を基準として農林水産省令で定めるところにより算出する数量を、次の管理年度以降において当該漁獲割当割合設定者に設定する年次漁獲割当量から控除することができる。

（漁獲割当割合の削減）

第二十九条　農林水産大臣又は都道府県知事は、漁獲割当割合設定者である年次漁獲割当量設定者が第二十五条第二項の規定に違反してその設定を受けた年次漁獲割当量を超えて特定水産資源を採捕し、又は第二十七条の規定による命令に違反したときは、農林水産省令で定めるところにより、その設定を受けた漁獲割当割合を減ずる処分をすることができる。

2　農林水産大臣又は都道府県知事は、前項の処分をしようとするときは、行政手続法（平成五年法律第八十八号）第十三条第一項の規定による意見陳述のための手続の区分にかかわらず、聴聞を行わなければならない。

3　第一項の処分に係る聴聞の期日における審理は、公開により行わなければならない。

第三款　漁獲量等の総量の管理

（漁獲量等の報告）

第三十条　漁獲割当管理区分以外の管理区分において特定水産資源（特別管理特定水産資源を除く。以下この項において同じ。）の採捕（漁獲努力量の総量の管理を行う管理区分（以下この項及び次条において「漁獲努力量管理区分」という。）にあつては、当該漁獲努力量に係る漁ろう。以下この款において同じ。）をする者は、特定水産資源の採捕をしたときは、農林水産省令で定める期間内に、農林水産省令又は規則で定めるところにより、当該特定水産資源の漁獲量（漁獲努力量管理区分にあつては、当該特定水産資源に係る漁獲努力量。以下この款において同じ。）その他漁獲の状況に関し農林水産省令で定める事項を、当該管理区分が大臣管理区分（漁獲割当管理区分以外のものに限る。以下この款において同じ。）である場合には農林水産大臣、知事管理区分（漁獲割当管理区分以外のものに限る。以下この款において同じ。）である場合には当該知事管理区分に係る都道府県知事に報告しなければならない。

2　漁獲割当管理区分以外の管理区分において特別管理特定水産資源の採捕をする者は、特別管理特定水産資源の採捕をしたときは、農林水産省令で定める期間内に、農林水産省令又は規則で定めるところにより、当該特別管理特定水産資源の個体の数及び漁獲量その他漁獲の状況に関し農林水産省令で定める事項を、当該管理区分が大臣管理区分である場合には農林水産大臣、知事管理区分である場合には当該知事管理区分に係る都道府県知事に報告するとともに、農林水産省令で定めるところにより、当該採捕に係る船舶等の名称及び個体ごとの重量その他の農林水産省令で定める事項に関する記録を作成し、その報告をした日から農林水産省令で定める期間保存しなければならない。

3　都道府県知事は、前二項の規定により報告を受けたときは、農林水産省令で定めるところにより、速やかに、当該事項を農林水産大臣に報告するものとする。

（下線部：令和6年6月26日法律第66号、施行日：令和8年4月1日）

（漁獲量等の公表）

第三十一条　農林水産大臣又は都道府県知事は、大臣管理区分又は知事管理区分における特定水産資源の漁獲量の総量が当該管理区分に係る大臣管理漁獲可能量又は知事管理漁獲可能量（漁獲努力量管理区分にあつては、当該管理区分に係る漁獲努力可能量。次条及び第三十三条において同じ。）を超えるおそれがあると認めるときその他農林水産省令で定めるときは、当該漁獲量の総量その他農林水産省令で定める事項を公表するものとする。

（助言、指導又は勧告）

第三十二条　農林水産大臣は、次の各号のいずれかに該当すると認めるときは、それぞれ当該各号に定める者に対し、必要な助言、指導又は勧告をすることができる。

一　大臣管理区分における特定水産資源の漁獲量の総量が当該大臣管理区分に係る大臣管理漁獲可能量を超えるおそれが大きい場合　当該大臣管理区分において当該特定水産資源の採捕をする者

二　一の特定水産資源に係る全ての大臣管理区分における当該特定水産資源の漁獲量の総量が当該全ての大臣管理区分に係る大臣管理漁獲可能量の合計を超えるおそれが大きい場合　当該全ての大臣管理区分のいずれかにおいて当該特定水産資源の採捕をする者

三　特定水産資源の漁獲量の総量が当該特定水産資源の漁獲可能量を超えるおそれが大きい場合　当該特定水産資源の採捕をする者

2　都道府県知事は、次の各号のいずれかに該当すると認めるときは、それぞれ当該各号に定める者に対し、必要な助言、指導又は勧告をすることができる。

一　知事管理区分における特定水産資源の漁獲量の総量が当該知事管理区分に係る知事管理漁獲可能量を超えるおそれが大きい場合　当該知事管理区分において当該特定水産資源の採捕をする者

二　一の特定水産資源に係る全ての知事管理区分における当該特定水産資源の漁獲量の総量が当該都道府県の都道府県別漁獲可能量を超えるおそれが大きい場合　当該全ての知事管理区分のいずれかにおいて当該特定水産資源の採捕をする者

（採捕の停止等）

第三十三条　農林水産大臣は、次の各号のいずれかに該当すると認めるときは、それぞれ当該各号に定める者に対し、農林水産省令で定めるところにより、期間を定め、採捕の停止その他特定水産資源の採捕に関し必要な命令をすることができる。

一　大臣管理区分における特定水産資源の漁獲量の総量が当該大臣管理区分に係る大臣管理漁獲可能量を超えており、又は超えるおそれが著しく大きい場合　当該大臣管理区分において当該特定水産資源の採捕をする者

二　一の特定水産資源に係る全ての大臣管理区分に

おける当該特定水産資源の漁獲量の総量が当該全ての大臣管理区分に係る大臣管理漁獲可能量の合計を超えており、又は超えるおそれが著しく大きい場合　当該全ての大臣管理区分のいずれかにおいて当該特定水産資源の採捕をする者

三　特定水産資源の漁獲量の総量が当該特定水産資源の漁獲可能量を超えており、又は超えるおそれが著しく大きい場合　当該特定水産資源の採捕をする者

2　都道府県知事は、次の各号のいずれかに該当すると認めるときは、それぞれ当該各号に定める者に対し、規則で定めるところにより、期間を定め、採捕の停止その他特定水産資源の採捕に関し必要な命令をすることができる。

一　知事管理区分における特定水産資源の漁獲量の総量が当該知事管理区分に係る知事管理漁獲可能量を超えており、又は超えるおそれが著しく大きい場合　当該知事管理区分において当該特定水産資源の採捕をする者

二　一の特定水産資源に係る全ての知事管理区分における当該特定水産資源の漁獲量の総量が当該都道府県の都道府県別漁獲可能量を超えており、又は超えるおそれが著しく大きい場合　当該全ての知事

管理区分のいずれかにおいて当該特定水産資源の採捕をする者

（停泊命令等）

第三十四条　農林水産大臣又は都道府県知事は、漁獲割当管理区分以外の管理区分において特別管理特定水産資源の採捕をする者が第三十条第二項の規定に違反して採捕した特別管理特定水産資源について報告をせず、若しくは虚偽の報告をし、かつ、当該違反行為を引き続きするおそれがあるとき、又は前条の命令を受けた者が当該命令に違反する行為をし、かつ、当該行為を引き続きするおそれがあるときは、当該違反行為若しくは当該行為をした者が使用する船舶について停泊港及び停泊期間を指定して停泊を命じ、又は当該行為に使用した漁具その他特定水産資源の採捕の用に供される物について期間を指定してその使用の禁止若しくは陸揚げを命ずることができる。

（下線部：令和6年6月26日法律第66号、施行日：令和8年4月1日）

第四節　補則

第三十五条　都道府県知事は、都道府県別漁獲可能

量の管理を行うに当たり特に必要があると認めるときは、農林水産大臣に対し、第百二十一条第三項の規定により同条第一項の指示について必要な指示をすることを求めることができる。

第三章　許可漁業

第一節　大臣許可漁業

（農林水産大臣による漁業の許可）

第三十六条　船舶により行う漁業であつて農林水産省令で定めるものを営もうとする者は、船舶ごとに、農林水産大臣の許可を受けなければならない。

2　前項の農林水産省令は、漁業調整（特定水産資源の再生産の阻害の防止若しくは特定水産資源以外の水産資源の保存及び管理又は漁場の使用に関する紛争の防止のために必要な調整をいう。以下同じ。）のため漁業者及びその使用する船舶（船舶において使用する漁ろう設備を含む。）について制限措置を講ずる必要があり、かつ、政府間の取決めが存在すること、漁場の区域が広域にわたることその他の政令で定める事由により当該措置を統一して講ずることが適当であると認められる漁業について定めるものとする。

3　農林水産大臣は、第一項の農林水産省令を制定し、又は改廃しようとするときは、水産政策審議会の意見を聴かなければならない。

（許可を受けた者の責務）

第三十七条　前条第一項の農林水産省令で定める漁業（以下「大臣許可漁業」という。）について同項の許可（以下この節（第四十七条を除く。）において単に「許可」という。）を受けた者は、資源管理を適切にするために必要な取組を自ら行うとともに、漁業の生産性の向上に努めるものとする。

（起業の認可）

第三十八条　許可を受けようとする者であつて現に船舶を使用する権利を有しないものは、船舶の建造に着手する前又は船舶を譲り受け、借り受け、その返還を受け、その他船舶を使用する権利を取得する前に、船舶ごとに、あらかじめ起業につき農林水産大臣の認可を受けることができる。

第三十九条　前条の認可（以下この節において「起業の認可」という。）を受けた者がその起業の認可に基づいて許可を申請した場合において、申請の内容が認可を受けた内容と同一であるときは、農林水産大臣は、次条第一項各号のいずれかに該当する場合を除き、許可をしなければならない。

２　起業の認可を受けた者が、認可を受けた日から農林水産大臣の指定した期間内に許可を申請しないときは、起業の認可は、その期間の満了の日に、その効力を失う。

（許可又は起業の認可をしない場合）

第四十条　次の各号のいずれかに該当する場合は、農林水産大臣は、許可又は起業の認可をしてはならない。

一　申請者が次条第一項に規定する適格性を有する者でない場合

二　その申請に係る漁業と同種の漁業の許可の不当な集中に至るおそれがある場合

2　農林水産大臣は、前項の規定により許可又は起業の認可をしないときは、あらかじめ、当該申請者にその理由を文書をもつて通知し、公開による意見の聴取を行わなければならない。

3　前項の意見の聴取に際しては、当該申請者又はその代理人は、当該事案について弁明し、かつ、証拠を提出することができる。

（許可又は起業の認可についての適格性）

第四十一条　許可又は起業の認可について適格性を有する者は、次の各号のいずれにも該当しない者とする。

一　漁業又は労働に関する法令を遵守せず、かつ、引き続き遵守することが見込まれない者であること。

二　暴力団員等であること。

三　法人であつて、その役員又は政令で定める使用人のうちに前二号のいずれかに該当する者があるものであること。

四　暴力団員等がその事業活動を支配する者であ

ること。

五　許可を受けようとする船舶が農林水産大臣の定める基準を満たさないこと。

六　その申請に係る漁業を適確に営むに足りる生産性を有さず、又は有することが見込まれない者であること。

2　農林水産大臣は、前項第五号の基準を定め、又は変更しようとするときは、水産政策審議会の意見を聴かなければならない。

（新規の許可又は起業の認可）

第四十二条　農林水産大臣は、許可（第三十九条第一項及び第四十五条の規定によるものを除く。以下この条において同じ。）又は起業の認可（第四十五条の規定によるものを除く。以下この条において同じ。）をしようとするときは、当該大臣許可漁業を営む者の数、当該大臣許可漁業に係る船舶の数及びその操業の実態その他の事情を勘案して、許可又は起業の認可をすべき船舶の数及び船舶の総トン数、操業区域、漁業時期、漁具の種類その他の農林水産省令で定める事項に関する制限措置を定め、当該制限措置の内容及び許可又は起業の認可を申請すべき期間を公示しなければならない。

2　前項の申請すべき期間は、三月を下ることができない。ただし、農林水産省令で定める緊急を要する特別の事情があるときは、この限りでない。

3　農林水産大臣は、第一項の規定により公示する制限措置の内容及び申請すべき期間を定めようとするときは、水産政策審議会の意見を聴かなければならない。ただし、前項ただし書の農林水産省令で定める緊急を要する特別の事情があるときは、この限りでない。

4　第一項の申請すべき期間内に許可又は起業の認可を申請した者（次項において「申請者」という。）に対しては、農林水産大臣は、第四十条第一項各号のいずれかに該当する場合を除き、許可又は起業の認可をしなければならない。

5　前項の規定により許可又は起業の認可をすべき船舶の数が第一項の規定により公示した船舶の数を超える場合においては、前項の規定にかかわらず、申請者の生産性を勘案して許可又は起業の認可をする者を定めるものとする。

6　前項の規定により許可又は起業の認可をする者を定めることができないときは、公正な方法でくじを行い、許可又は起業の認可をする者を定めるものとする。

（公示における留意事項）

第四十三条　農林水産大臣は、漁獲割当ての対象となる特定水産資源の採捕を通常伴うと認められる大臣許可漁業について、前条第一項の規定による公示をするに当たつては、当該大臣許可漁業において採捕すると見込まれる水産資源の総量のうちに漁獲割当ての対象となる特定水産資源の数量の占める割合が農林水産大臣が定める割合を下回ると認められる場合を除き、船舶の数及び船舶の総トン数その他の船舶の規模に関する制限措置を定めないものとする。

（許可等の条件）

第四十四条　農林水産大臣は、漁業調整その他公益上必要があると認めるときは、許可又は起業の認可をするに当たり、許可又は起業の認可に条件を付けることができる。

2　農林水産大臣は、漁業調整その他公益上必要があると認めるときは、許可又は起業の認可後、当該許可又は起業の認可に条件を付けることができる。

3　農林水産大臣は、前項の規定により条件を付けようとするときは、行政手続法第十三条第一項の規定による意見陳述のための手続の区分にかかわらず、聴聞を行わなければならない。

4　第二項の規定による条件の付加に係る聴聞の期日における審理は、公開により行わなければならない。

（継続の許可又は起業の認可等）

第四十五条　次の各号のいずれかに該当する場合は、その申請の内容が従前の許可又は起業の認可を受けた内容と同一であるときは、第四十条第一項各号のいずれかに該当する場合を除き、許可又は起業の認可をしなければならない。

一　許可を受けた者が、その許可の有効期間の満了日の到来のため、その許可を受けた船舶と同一の船舶について許可を申請したとき。

二　許可を受けた者が、その許可の有効期間中に、その許可を受けた船舶を当該大臣許可漁業に使用することを廃止し、他の船舶について許可又は起業の認可を申請したとき。

三　許可を受けた者が、その許可を受けた船舶が滅失し、又は沈没したため、滅失又は沈没の日から六月以内（その許可の有効期間中に限る。）に他の船舶について許可又は起業の認可を申請したとき。

四　許可を受けた者から、その許可の有効期間中に、許可を受けた船舶を譲り受け、借り受け、その返還を受け、その他相続又は法人の合併若しくは分割以外の事由により当該船舶を使用する権利を取得して当該大臣許可漁業を営もうとする者が、当該船舶について許可又は起業の認可を申請したとき。

（許可の有効期間）

第四十六条　許可の有効期間は、漁業の種類ごとに五年を超えない範囲内において農林水産省令で定める期間とする。ただし、前条（第一号を除く。）の規定によつて許可をした場合は、従前の許可の残存期間とする。

2　農林水産大臣は、漁業調整のため必要な限度において、水産政策審議会の意見を聴いて、前項の期間より短い期間を定めることができる。

（変更の許可）

第四十七条　大臣許可漁業の許可を受けた者が、第四十二条第一項の農林水産省令で定める事項について、同項の規定により定められた制限措置と異なる内容により、大臣許可漁業を営もうとするときは、農林水産大臣の許可を受けなければならない。

（相続又は法人の合併若しくは分割）

第四十八条　許可又は起業の認可を受けた者が死亡し、解散し、又は分割（当該許可又は起業の認可を受けた船舶を承継させるものに限る。）をしたときは、その相続人（相続人が二人以上ある場合においてその協議により大臣許可漁業を営むべき者を定めたときは、その者）、合併後存続する法人若しくは合併によつて成立した法人又は分割によつて当該船舶を承継した法人は、当該許可又は起業の認可を受けた者の地位を承継する。

2　前項の規定により許可又は起業の認可を受けた者の地位を承継した者は、承継の日から二月以内にその旨を農林水産大臣に届け出なければならない。

（許可等の失効）

第四十九条　次の各号のいずれかに該当する場合は、許可又は起業の認可は、その効力を失う。

一　許可を受けた船舶を当該大臣許可漁業に使用することを廃止したとき。

二　許可又は起業の認可を受けた船舶が滅失し、又は沈没したとき。

三　許可を受けた船舶を譲渡し、貸し付け、返還し、その他その船舶を使用する権利を失つたとき。

2　許可又は起業の認可を受けた者は、前項各号のいずれかに該当することとなつたときは、その日から二月以内にその旨を農林水産大臣に届け出なければならない。

（休業等の届出）

第五十条　許可を受けた者は、一漁業時期以上にわたつて休業しようとするときは、休業期間を定め、あらかじめ農林水産大臣に届け出なければならない。

（休業による許可の取消し）

第五十一条　農林水産大臣は、許可を受けた者が農林水産省令で定める期間を超えて休業したときは、その許可を取り消すことができる。

2　許可を受けた者の責めに帰すべき事由による場合を除き、第五十五条第一項の規定により許可の効力を停止された期間及び第百十九条第一項若しくは第二項の規定に基づく命令、第百二十条第一項の規定による指示、同条第十一項の規定による命令、第百二十一条第一項の規定による指示又は同条第四項において読み替えて準用する第百二十条第十一項の規定による命令により大臣許可漁業を禁止された期間は、前項の期間に算入しない。

3　第一項の規定による許可の取消しに係る聴聞の期日における審理は、公開により行わなければならない。

（資源管理の状況等の報告等）

第五十二条　許可を受けた者は、農林水産省令で定めるところにより、当該許可に係る大臣許可漁業における資源管理の状況、漁業生産の実績その他の農林水産省令で定める事項を農林水産大臣に報告しなければならない。ただし、第二十六条第一項若しくは第二項又は第三十条第一項若しくは第二項の規定により農林水産大臣に報告した事項については、この限りでない。

（下線部：令和6年6月26日法律第66号、施行日：令和8年4月1日）

2　農林水産大臣は、国際的な枠組みにおいて決定された措置の履行その他漁業調整のため特に必要があると認めるときは、許可を受けた者に対し、衛星船位測定送信機その他の農林水産省令で定める電子機器を当該許可を受けた船舶に備え付け、かつ、操業し、又は航行する期間中は当該電子機器を常時作動させることを命ずることができる。

3　前項の規定による命令を受けた者は、通信の妨害その他の当該命令に係る電子機器の機能を損なう行為をしてはならない。

（勧告）

第五十三条　農林水産大臣は、許可又は起業の認可を受けた者が第四十一条第一項第六号に該当することとなつたときは、当該許可又は起業の認可を受けた者に対し、必要な措置を講ずべきことを勧告するものとする。

（適格性の喪失等による許可等の取消し等）

第五十四条　農林水産大臣は、許可又は起業の認可を受けた者が第四十条第一項第二号又は第四十一条第一項各号（第六号を除く。）のいずれかに該当することとなつたときは、当該許可又は起業の認可を取り消さなければならない。

2　農林水産大臣は、許可又は起業の認可を受けた者が次の各号のいずれかに該当することとなつたときは、当該許可又は起業の認可を変更し、取り消し、又はその効力の停止を命ずることができる。

一　漁業に関する法令の規定に違反したとき。

二　前条の規定による勧告に従わないとき。

3　農林水産大臣は、前項の規定による処分をしようとするときは、行政手続法第十三条第一項の規定による意見陳述のための手続の区分にかかわらず、聴聞を行わなければならない。

4　第一項又は第二項の規定による処分に係る聴聞の期日における審理は、公開により行わなければならない。

（公益上の必要による許可等の取消し等）

第五十五条　農林水産大臣は、漁業調整その他公益上必要があると認めるときは、許可又は起業の認可を変更し、取り消し、又はその効力の停止を命ずることができる。

2　前条第三項及び第四項の規定は、前項の規定による処分について準用する。

3　水産資源保護法（昭和二十六年法律第三百十三号）第十二条の規定は、第一項の場合について準用する。この場合において、同条中「第十条第五項」とあるのは「漁業法第五十五条第一項」と、「同条第四項の告示の日」とあるのは「その許可の取消しの日」と読み替えるものとする。

（許可証の交付等）

第五十六条　農林水産大臣は、許可をしたときは、農林水産省令で定めるところにより、その者に対し許可証を交付する。

2　許可証の書換え交付、再交付及び返納に関し必要な事項は、農林水産省令で定める。

第二節　知事許可漁業

（都道府県知事による漁業の許可）

第五十七条　大臣許可漁業以外の漁業であつて農林水産省令又は規則で定めるものを営もうとする者は、都道府県知事の許可を受けなければならない。

2　前項の農林水産省令は、都道府県の区域を超えた広域的な見地から、農林水産大臣が漁業調整のため漁業者又はその使用する船舶等について制限措置を講ずる必要があると認める漁業について定めるものとする。

3　農林水産大臣は、第一項の農林水産省令を制定し、又は改廃しようとするときは、水産政策審議会の意見を聴かなければならない。

4　第一項の規則は、都道府県知事が漁業調整のため漁業者又はその使用する船舶等について制限措置を講ずる必要があると認める漁業について定めるものとする。

5　都道府県知事は、第一項の規則を制定し、又は改廃しようとするときは、関係海区漁業調整委員会の意見を聴かなければならない。

6　都道府県知事は、第一項の規則を制定し、又は改廃しようとするときは、農林水産大臣の認可を受けなければならない。

7　農林水産大臣は、第一項の農林水産省令で定める漁業について、都道府県の区域を超えた広域的な見地から、次に掲げる事項を定めることができる。

一　当該漁業について都道府県知事が許可をすることができる船舶等の数

二　農林水産大臣があらかじめ指定した水域において都道府県知事が許可をすることができる船舶等の数

三　その他農林水産省令で定める事項

8　農林水産大臣は、前項の事項を定めようとするときは、関係都道府県知事の意見を聴かなければならない。

9　都道府県知事は、第七項の規定により定められた事項に違反して第一項の許可をしてはならない。

（知事許可漁業の許可への準用）

第五十八条　第三十七条から第四十条まで、第四十一条第一項（第六号を除く。）及び第二項、第四十二条（第二項ただし書及び第三項ただし書を除く。）、第四十三条、第四十四条、第四十五条（第二号及び第三号に係る部分に限る。）、第四十六条、第四十七条、第四十九条から第五十二条まで、第五十四条並びに第五十六条の規定は、前条第一項の農林水産省令又は規則で定める漁業（以下「知事許可漁業」という。）の許可について準用する。この場合において、これらの規定中「農林水産大臣」とあるのは「都道府県知事」と、第三十七条中「同項」とあるのは「第五十七条第一項」と、第三十八条中「船舶」とあるのは「船舶等」と、「建造」とあるのは「建造又は製造」と、第四十一条第一項第五号中「船舶」とあるのは「船舶等」と、同条第二項中「水産政策審議会」とあるのは「関係海区漁業調整委員会」と、第四十二条第一項中「船舶の数」とあるのは「船舶等の数」と、「農林水産省令」とあるのは「規則」と、同条第二項本文中「三月を下ることができない」とあるのは「漁業の種類ごとに規則で定める期間とする」と、同条第三項本文中「水産政策審議会」とあるのは「関係海区漁業調整委員会」と、同条第五項中「船舶」とあるのは「船舶等」と、「申請者の生産性を勘案して」とあるのは「当該知事許可漁業の状況を勘案して、関係海区漁業調整委員会の意見を聴いた上で、許可の基準を定め、これに従つて」と、第四十三条中「船舶の数」とあるのは「船舶等の数」と、「船舶の規模」とあるのは「船舶等の規模」と、第四十六条第一項中「農林水産省令」とあるのは「規則」と、同条第二項中「水産政策審議会」とあるのは「関係海区漁業調整委員会」と、第四十七条及び第五十一条第一項中「農林水産省令」とあるのは「規則」と、第五十二条第一項中「、農林水産省令」とあるのは「、規則」と、「その他の農林水産省令」とあるのは「その他の農林水産省令又は規則」と、同条第二項中「農林水産省令」とあるのは「農林水産省令又は規則」と、第五十四条第二項中「次の各号のいずれかに該当することとなつた」とあるのは「漁業に関する法令の規定に違反した」と、第五十六条中「農林水産省令」とあるのは「規則」と読み替えるものとするほか、必要な技術的読替えは、政令で定める。

第三節　補則

第五十九条　この章に定めるもののほか、大臣許可漁業及び知事許可漁業の許可の手続その他この章の規定の実施に関し必要な事項は、農林水産省令で定める。

第四章　漁業権及び沿岸漁場管理

第一節　総則

（定義）

第六十条　この章において「漁業権」とは、定置漁業権、区画漁業権及び共同漁業権をいう。

2　この章において「定置漁業権」とは、定置漁業を営む権利をいい、「区画漁業権」とは、区画漁業を営む権利をいい、「共同漁業権」とは、共同漁業を営む権利をいう。

3　この章において「定置漁業」とは、漁具を定置して営む漁業であつて次に掲げるものをいう。

一　身網の設置される場所の最深部が最高潮時において水深二十七メートル（沖縄県にあつては、十五メートル）以上であるもの（瀬戸内海（第百五十二条第二項に規定する瀬戸内海をいう。）におけるます網漁業並びに陸奥湾（陸奥湾の海面として農林水産大臣の指定するものをいう。）における落とし網漁業及びます網漁業を除く。）

二　北海道においてさけを主たる漁獲物とするも

の

4　この章において「区画漁業」とは、次に掲げる漁業をいう。

一　第一種区画漁業 一定の区域内において石、瓦、竹、木その他の物を敷設して営む養殖業

二　第二種区画漁業　土、石、竹、木その他の物によつて囲まれた一定の区域内において営む養殖業

三　第三種区画漁業　一定の区域内において営む養殖業であつて前二号に掲げるもの以外のもの

5　この章において「共同漁業」とは、次に掲げる漁業であつて一定の水面を共同に利用して営むものをいう。

一　第一種共同漁業　藻類、貝類又は農林水産大臣の指定する定着性の水産動物を目的とする漁業

二　第二種共同漁業　海面（海面に準ずる湖沼として農林水産大臣が定めて告示する水面を含む。以下同じ。）のうち農林水産大臣が定めて告示する湖沼に準ずる海面以外の水面（次号及び第四号において「特定海面」という。）において網漁具（えりやな類を含む。）を移動しないように敷設して営む漁業であつて定置漁業以外のもの

三　第三種共同漁業　特定海面において営む地びき

網漁業、地こぎ網漁業、船びき網漁業（動力漁船を使用するものを除く。）、飼付漁業又はつきいそ漁業（第一号に掲げるものを除く。）

四　第四種共同漁業　特定海面において営む寄魚漁業又は鳥付こぎ釣漁業

五　第五種共同漁業　内水面（海面以外の水面をいう。以下同じ。）又は第二号の湖沼に準ずる海面において営む漁業であつて第一号に掲げるもの以外のもの

6　この章において「動力漁船」とは、推進機関を備える船舶であつて次の各号のいずれかに該当するものをいう。

一　専ら漁業に従事する船舶

二　漁業に従事する船舶であつて漁獲物の保蔵又は製造の設備を有するもの

三　専ら漁場から漁獲物又はその製品を運搬する船舶

四　専ら漁業に関する試験、調査、指導若しくは練習に従事する船舶又は漁業の取締りに従事する船舶であつて漁ろう設備を有するもの

7　この章において「入漁権」とは、設定行為に基づき、他人の区画漁業権（その内容たる漁業を自ら営

まない漁業協同組合又は漁業協同組合連合会が免許を受けるものに限る。）又は共同漁業権（以下この章において「団体漁業権」と総称する。）に属する漁場において当該団体漁業権の内容たる漁業の全部又は一部を営む権利をいう。

8　この章において「保全活動」とは、水産動植物の生育環境の保全又は改善その他沿岸漁場の保全のための活動であつて農林水産省令で定めるものをいう。

9　この章において「保全沿岸漁場」とは、漁業生産力の発展を図るため保全活動の円滑かつ計画的な実施を確保する必要がある沿岸漁場として都道府県知事が定めるものをいう。

（都道府県による水面の総合的な利用の推進等）

第六十一条　都道府県は、その管轄に属する水面における漁業生産力を発展させるため、水面の総合的な利用を推進するとともに、水産動植物の生育環境の保全及び改善に努めなければならない。

第二節　海区漁場計画及び内水面漁場計画

第一款　海区漁場計画

（海区漁場計画）

第六十二条　都道府県知事は、その管轄に属する海面について、五年ごとに、海区漁場計画を定めるものとする。ただし、管轄に属する海面を有しない都道府県知事にあつては、この限りでない。

2　海区漁場計画においては、海区（第百三十六条第一項に規定する海区をいう。以下この款において同じ。）ごとに、次に掲げる事項を定めるものとする。

一　当該海区に設定する漁業権について、次に掲げる事項

イ　漁場の位置及び区域

ロ　漁業の種類

ハ　漁業時期

ニ　存続期間（第七十五条第一項の期間より短い期間を定める場合に限る。）

ホ　区画漁業権については、個別漁業権（団体漁業権以外の漁業権をいう。次節において同じ。）又

は団体漁業権の別

ヘ　団体漁業権については、その関係地区（自然的及び社会経済的条件により漁業権に係る漁場が属すると認められる地区をいう。第七十二条及び第百六条第四項において同じ。）

ト　イからヘまでに掲げるもののほか、漁業権の設定に関し必要な事項

二　当該海区に設定する保全沿岸漁場について、次に掲げる事項

イ　漁場の位置及び区域

ロ　保全活動の種類

ハ　イ及びロに掲げるもののほか、保全沿岸漁場の設定に関し必要な事項

（海区漁場計画の要件等）

第六十三条　海区漁場計画は、次に掲げる要件に該当するものでなければならない。

一　それぞれの漁業権が、海区に係る海面の総合的な利用を推進するとともに、漁業調整その他公益に支障を及ぼさないように設定されていること。

二　海区漁場計画の作成の時において適切かつ有効に活用されている漁業権（次号において「活用漁業権」という。）があるときは、前条第二項第一号

イからハまでに掲げる事項が当該漁業権とおおむね等しいと認められる漁業権（次号において「類似漁業権」という。）が設定されていること。

三　前号の場合において活用漁業権が団体漁業権であるときは、類似漁業権が団体漁業権として設定されていること。

四　前号の場合のほか、漁場の活用の現況及び次条第二項の検討の結果に照らし、団体漁業権として区画漁業権を設定することが、当該区画漁業権に係る漁場における漁業生産力の発展に最も資すると認められる場合には、団体漁業権として区画漁業権が設定されていること。

五　前条第二項第一号ニについて、第七十五条第一項の期間より短い期間を定めるに当たつては、漁業調整のため必要な範囲内であること。

六　それぞれの保全沿岸漁場が、海区に設定される漁業権の内容たる漁業に係る漁場の使用と調和しつつ、水産動植物の生育環境の保全及び改善が適切に実施されるように設定されていること。

2　都道府県知事は、海区漁場計画の作成に当たつては、海区に係る海面全体を最大限に活用するため、漁業権が存しない海面をその漁場の区域とする新たな漁業権を設定するよう努めるものとする。

（海区漁場計画の作成の手続）

第六十四条　都道府県知事は、海区漁場計画の案を作成しようとするときは、農林水産省令で定めるところにより、当該海区において漁業を営む者、漁業を営もうとする者その他の利害関係人の意見を聴かなければならない。

2　都道府県知事は、前項の規定により聴いた意見について検討を加え、その結果を公表しなければならない。

3　都道府県知事は、前項の検討の結果を踏まえて海区漁場計画の案を作成しなければならない。

4　都道府県知事は、海区漁場計画の案を作成したときは、海区漁業調整委員会の意見を聴かなければならない。

5　海区漁業調整委員会は、前項の意見を述べようとするときは、あらかじめ、期日及び場所を公示して公聴会を開き、農林水産省令で定めるところにより、当該海区において漁業を営む者、漁業を営もうとする者その他の利害関係人の意見を聴かなければならない。

6　都道府県知事は、海区漁場計画を作成したときは、当該海区漁場計画の内容その他農林水産省令で定める事項を公表するとともに、漁業の免許予定日及び第百九条の沿岸漁場管理団体の指定予定日並びにこれらの申請期間を公示しなければならない。

7　前項の免許予定日及び指定予定日は、同項の規定による公示の日から起算して三月を経過した日以後の日としなければならない。

8　前各項の規定は、海区漁場計画の変更について準用する。

（農林水産大臣の助言）

第六十五条　農林水産大臣は、前条第二項の検討の結果を踏まえて、都道府県の区域を超えた広域的な見地から、我が国の漁業生産力の発展を図るために必要があると認めるときは、都道府県知事に対し、海区漁場計画の案を修正すべき旨の助言その他海区漁場計画に関して必要な助言をすることができる。

（農林水産大臣の指示）

第六十六条　農林水産大臣は、次の各号のいずれかに該当するときは、都道府県知事に対し、海区漁場計画を変更すべき旨の指示その他海区漁場計画に関して必要な指示をすることができる。

一　前条の規定により助言をした事項について、我が国の漁業生産力の発展を図るため特に必要があると認めるとき。

二　都道府県の区域を超えた広域的な見地から、漁業調整のため特に必要があると認めるとき。

第二款　内水面漁場計画

第六十七条　都道府県知事は、その管轄する内水面について、五年ごとに、内水面漁場計画を定めるものとする。

2　第六十二条第二項（第一号に係る部分に限る。）、第六十三条第一項（第六号を除く。）及び第二項並びに第六十四条から前条までの規定は、内水面漁場計画について準用する。この場合において、第六十二条第二項中「海区（第百三十六条第一項に規定する海区をいう。以下この款において同じ。）ごとに、次に」とあるのは「次に」と、第六十四条第六項中「免許予定日及び第百九条の沿岸漁場管理団体の指定予定日並びにこれらの」とあるのは「免許予定日及び」と、同条第七項中「免許予定日及び指定予定日」とあるのは「免許予定日」と読み替えるものとする。

第三節　漁業権

第一款　漁業の免許

（漁業権に基づかない定置漁業等の禁止）

第六十八条　定置漁業及び区画漁業は、漁業権又は入漁権に基づくものでなければ、営んではならない。

（漁業の免許）

第六十九条　漁業権の内容たる漁業の免許を受けようとする者は、農林水産省令で定めるところにより、都道府県知事に申請しなければならない。

2　前項の免許を受けた者は、当該漁業権を取得する。

（海区漁業調整委員会への諮問）

第七十条　前条第一項の申請があつたときは、都道府県知事は、海区漁業調整委員会の意見を聴かなければならない。

（免許をしない場合）

第七十一条　次の各号のいずれかに該当する場合は、都道府県知事は、漁業の免許をしてはならない。

一　申請者が次条に規定する適格性を有する者でないとき。

二　海区漁場計画又は内水面漁場計画の内容と異なる申請があつたとき。

三　その申請に係る漁業と同種の漁業を内容とする漁業権の不当な集中に至るおそれがあるとき。

四　免許を受けようとする漁場の敷地が他人の所有に属する場合又は水面が他人の占有に係る場合において、その所有者又は占有者の同意がないとき。

2　前項第四号の場合において同号の所有者又は占有者の住所又は居所が明らかでないため同意が得ら

れないときは、最高裁判所の定める手続により、裁判所の許可をもつてその者の同意に代えることができる。

3　前項の許可に対する裁判に関しては、最高裁判所の定める手続により、上訴することができる。

4　第一項第四号の所有者又は占有者は、正当な事由がなければ、同意を拒むことができない。

5　海区漁業調整委員会は、都道府県知事に対し、当該申請が第一項各号のいずれかに該当する旨の意見を述べようとするときは、あらかじめ、当該申請者に同項各号のいずれかに該当する理由を文書をもつて通知し、公開による意見の聴取を行わなければならない。

6　前項の意見の聴取に際しては、当該申請者又はその代理人は、当該事案について弁明し、かつ、証拠を提出することができる。

（免許についての適格性）

第七十二条　個別漁業権の内容たる漁業の免許について適格性を有する者は、次の各号のいずれにも該当しない者とする。

一　漁業又は労働に関する法令を遵守せず、かつ、引き続き遵守することが見込まれない者であること。

二　暴力団員等であること。

三　法人であつて、その役員又は政令で定める使用人のうちに前二号のいずれかに該当する者があるものであること。

四　暴力団員等がその事業活動を支配する者であること。

2　団体漁業権の内容たる漁業の免許について適格性を有する者は、当該団体漁業権の関係地区の全部又は一部をその地区内に含む漁業協同組合又は漁業協同組合連合会であつて、次の各号に掲げる団体漁業権の種類に応じ、当該各号に定めるものとする。

一　現に存する区画漁業権の存続期間の満了に際し、漁場の位置及び区域並びに漁業の種類が当該現に存する区画漁業権とおおむね等しいと認められるものとして設定される団体漁業権 その組合員（漁業協同組合連合会の場合には、その会員たる漁業協同組合の組合員）のうち関係地区内に住所を有し当

該漁業を営む者の属する世帯の数が、関係地区内に住所を有し当該漁業を営む者の属する世帯の数の三分の二以上であるもの

二　団体漁業権（前号に掲げるものを除く。）　その組合員（漁業協同組合連合会の場合には、その会員たる漁業協同組合の組合員）のうち関係地区内に住所を有し一年に九十日以上沿岸漁業（海面における漁業のうち総トン数二十トン以上の動力漁船を使用して行う漁業以外の漁業をいう。以下この条及び第百六条第四項において同じ。）を営む者（河川以外の内水面における漁業を内容とする漁業権にあつては当該内水面において一年に三十日以上漁業を営む者、河川における漁業を内容とする漁業権にあつては当該河川において一年に三十日以上水産動植物の採捕又は養殖をする者。以下この号及び第五項において同じ。）の属する世帯の数が、関係地区内に住所を有し一年に九十日以上沿岸漁業を営む者の属する世帯の数の三分の二以上であるもの

3　前項の規定により世帯の数を計算する場合において、当該漁業を営む者が法人であるときは、当該法人（株式会社にあつては、公開会社（会社法（平成十七年法律第八十六号）第二条第五号に規定する公開

会社をいう。）でないものに限る。以下この項において同じ。）の組合員、社員若しくは株主又は当該法人の組合員、社員若しくは株主である法人の組合員、社員若しくは株主のうち当該漁業の漁業従事者である者の属する世帯の数により計算するものとする。

4　第二項の規定は、二以上の漁業協同組合又は漁業協同組合連合会が共同してした申請について準用する。この場合において、同項中「その組合員」とあるのは「それらの組合員」と、「その会員」とあるのは「それらの会員」と読み替えるものとする。

5　第二項第一号に掲げる団体漁業権の関係地区内に住所を有し当該団体漁業権の内容たる漁業を営む者を組合員とする漁業協同組合若しくはその漁業協同組合を会員とする漁業協同組合連合会が同号に定める漁業協同組合若しくは漁業協同組合連合会に対して当該漁業の免許を共同して申請することを申し出た場合又は同項第二号に掲げる団体漁業権の関係地区内に住所を有し一年に九十日以上沿岸漁業を営む者を組合員とする漁業協同組合若しくはその漁業協同組合を会員とする漁業協同組合連合会が同号に定める漁業協同組合若しくは漁業協同組合連合会に対して当該漁業の免許を共同して申請することを申

し出た場合には、申出を受けた漁業協同組合又は漁業協同組合連合会は、正当な事由がなければ、これを拒むことができない。

6　第二項（第四項において準用する場合を含む。）の規定により適格性を有する漁業協同組合又は漁業協同組合連合会が団体漁業権の内容たる漁業の免許を受けた場合には、その免許の際に当該団体漁業権の関係地区内に住所を有し当該漁業を営む者であつた者を組合員とする漁業協同組合又はその漁業協同組合を会員とする漁業協同組合連合会は、都道府県知事の認可を受けて、当該免許を受けた漁業協同組合又は漁業協同組合連合会に対し当該団体漁業権を共有すべきことを請求することができる。この場合には、第七十九条第一項の規定は、適用しない。

7　前項の認可の申請があつたときは、都道府県知事は、海区漁業調整委員会の意見を聴かなければならない。

8　漁業協同組合又は漁業協同組合連合会が第一種共同漁業又は第五種共同漁業を内容とする共同漁業権を取得した場合においては、海区漁業調整委員会は、当該漁業協同組合又は漁業協同組合連合会と関係地区内に住所を有する漁業者（個人に限る。）又は漁業従事者であつてその組合員（漁業協同組合連合会の場合には、その会員たる漁業協同組合の組合員）でないものとの関係において当該共同漁業権の行使を適切にするため、第百二十条第一項の規定に従い、必要な指示をするものとする。

（免許をすべき者の決定）

第七十三条　都道府県知事は、第六十四条第六項の申請期間内に漁業の免許を申請した者に対しては、第七十一条第一項各号のいずれかに該当する場合を除き、免許をしなければならない。

2　前項の場合において、同一の漁業権について免許の申請が複数あるときは、都道府県知事は、次の各号に掲げる場合に応じ、当該各号に定める者に対して免許をするものとする。

一　漁業権の存続期間の満了に際し、漁場の位置及び区域並びに漁業の種類が当該満了する漁業権（以下この号において「満了漁業権」という。）とおおむね等しいと認められるものとして設定される漁業権について当該満了漁業権を有する者による申請がある場合であつて、その者が当該満了漁業権に

係る漁場を適切かつ有効に活用していると認められる場合　当該者

二　前号に掲げる場合以外の場合　免許の内容たる漁業による漁業生産の増大並びにこれを通じた漁業所得の向上及び就業機会の確保その他の地域の水産業の発展に最も寄与すると認められる者

第二款　漁業権の性質等

（漁業権者の責務）

第七十四条　漁業権を有する者（以下この節及び第百七十条第七項において「漁業権者」という。）は、当該漁業権に係る漁場を適切かつ有効に活用するよう努めるものとする。

2　団体漁業権を有する漁業協同組合又は漁業協同組合連合会は、当該団体漁業権に係る漁場における漁業生産力を発展させるため、農林水産省令で定めるところにより、組合員（漁業協同組合連合会にあつては、その会員たる漁業協同組合の組合員。以下この項において同じ。）が相互に協力して行う生産の合理化、組合員による生産活動のための法人の設立その他の方法による経営の高度化の促進に関する計画を作成し、定期的に点検を行うとともに、その実現に努めるものとする。

（漁業権の存続期間）

第七十五条　漁業権の存続期間は、免許の日から起算して、区画漁業権（真珠養殖業を内容とするものその他の農林水産省令で定めるものに限る。）及び共同漁業権にあつては十年、その他の漁業権にあつては五年とする。

2　都道府県知事が海区漁場計画又は内水面漁場計画において前項の期間より短い期間を定めた漁業権の存続期間は、同項の規定にかかわらず、当該都道府県知事が定めた期間とする。

（漁業権の分割又は変更）

第七十六条　漁業権を分割し、又は変更しようとする者は、都道府県知事に申請して、その免許を受けなければならない。

2　都道府県知事は、海区漁場計画又は内水面漁場計画に適合するものでなければ、前項の免許をしてはならない。

3　第一項の場合においては、第七十条及び第七十一条の規定を準用する。

（漁業権の性質）

第七十七条　漁業権は、物権とみなし、土地に関する規定を準用する。

2　民法（明治二十九年法律第八十九号）第二編第九章の規定は個別漁業権に、同編第八章から第十章までの規定は団体漁業権に、いずれも適用しない。

（抵当権の設定）

第七十八条　個別漁業権について抵当権を設定した場合において、その漁場に定着した工作物は、民法第三百七十条の規定の準用に関しては、漁業権に付加してこれと一体を成す物とみなす。個別漁業権が先取特権の目的である場合も、同様とする。

2　個別漁業権を目的とする抵当権の設定は、都道府県知事の認可を受けなければ、その効力を生じない。

3　前項の規定により認可をしようとするときは、都道府県知事は、海区漁業調整委員会の意見を聴かなければならない。

（漁業権の移転の制限）

第七十九条　漁業権は、相続又は法人の合併若しくは分割による場合を除き、移転の目的とすることができない。ただし、個別漁業権については、滞納処分による場合、先取特権者若しくは抵当権者がその権利を実行する場合又は次条第二項の通知を受けた者が譲渡する場合において、都道府県知事の認可を受けたときは、この限りでない。

2　都道府県知事は、第七十二条第一項又は第二項（同条第四項において準用する場合を含む。）に規定する適格性を有する者に移転する場合でなければ、前項の認可をしてはならない。

3　第一項の規定により認可をしようとするときは、都道府県知事は、海区漁業調整委員会の意見を聴かなければならない。

（相続又は法人の合併若しくは分割によつて取得した個別漁業権）

第八十条　相続又は法人の合併若しくは分割によつて個別漁業権を取得した者は、取得の日から二月以内にその旨を都道府県知事に届け出なければならない。

2　都道府県知事は、海区漁業調整委員会の意見を聴き、前項の者が第七十二条第一項に規定する適格性を有する者でないと認めるときは、一定期間内に譲渡しなければその漁業権を取り消すべき旨をその者に通知しなければならない。

（水面使用の権利義務）

第八十一条　漁業権者が有する水面使用に関する権利義務（当該漁業権者が当該漁業に関し行政庁の許可、認可その他の処分に基づいて有する権利義務を含む。）は、漁業権の処分に従う。

（貸付けの禁止）

第八十二条　漁業権は、貸付けの目的とすることができない。

（登録した権利者の同意）

第八十三条　漁業権は、第百十七条第一項の規定により登録した先取特権若しくは抵当権を有する者（以下「登録先取特権者等」という。）又は同項の規定により登録した入漁権を有する者の同意を得なければ、分割し、変更し、又は放棄することができない。

2　第七十一条第二項から第四項までの規定は、前項の同意について準用する。

（漁業権の共有）

第八十四条　漁業権の各共有者は、他の共有者の三分の二以上の同意を得なければ、その持分を処分することができない。

2　第七十一条第二項から第四項までの規定は、前項の同意について準用する。

第八十五条　漁業権の各共有者がその共有に属する漁業権を変更するために他の共有者の同意を得ようとする場合においては、第七十一条第二項から第四項までの規定を準用する。

（漁業権の条件）

第八十六条　都道府県知事は、漁業調整その他公益上必要があると認めるときは、漁業権に条件を付けることができる。

2　前項の条件を付けようとするときは、都道府県知事は、海区漁業調整委員会の意見を聴かなければならない。

3　農林水産大臣は、都道府県の区域を超えた広域的な見地から、漁業調整のため特に必要があると認めるときは、都道府県知事に対し、第一項の規定により漁業権に条件を付けるべきことを指示することができる。

4　免許後に第一項の条件を付けようとする場合における第二項の海区漁業調整委員会の意見については、第八十九条第四項から第七項までの規定を準用する。この場合において、同条第四項中「前項の場合において、漁業権を取り消すべき旨」とあるのは、「第八十六条第一項の規定により漁業権に条件を付けるべき旨」と読み替えるものとする。

（休業の届出）

第八十七条　個別漁業権を有する者が当該個別漁業権の内容たる漁業を一漁業時期以上にわたつて休業しようとするときは、休業期間を定め、あらかじめ都道府県知事に届け出なければならない。

（休業中の漁業許可）

第八十八条　前条の休業中においては、第七十二条第一項に規定する適格性を有する者は、第六十八条の規定にかかわらず、都道府県知事の許可を受けて当該休業中の個別漁業権の内容たる漁業を営むことができる。

2　前項の許可の申請があつたときは、都道府県知事は、海区漁業調整委員会の意見を聴かなければならない。

3　都道府県知事は、漁業調整その他公益に支障を及ぼすと認める場合は、第一項の許可をしてはならない。

4　第一項の許可については、第七十一条第五項及び第六項、第八十六条、前条並びに次条から第九十四条までの規定を準用する。この場合において、第七十一条第五項中「第一項各号のいずれか」とあり、及び「同項各号のいずれか」とあるのは「第八十八条第三項に規定する場合」と、第九十二条第一項中「第七十二条第一項又は第二項（同条第四項において準用する場合を含む。）」とあるのは「第七十二条第一項」と読み替えるものとするほか、必要な技術的読替えは、政令で定める。

5　前各項の規定は、第九十二条第二項の規定に基づく処分により個別漁業権の行使を停止された期間中他の者が当該個別漁業権の内容たる漁業を営もうとする場合について準用する。

（休業による漁業権の取消し）

第八十九条　都道府県知事は、漁業権者がその有する漁業権の内容たる漁業の免許の日又は移転に係る認可の日から一年間又は引き続き二年間休業したときは、当該漁業権を取り消すことができる。

2　漁業権者の責めに帰すべき事由による場合を除き、第九十三条第一項の規定により漁業権の行使を停止された期間及び第百十九条第一項若しくは第二項の規定に基づく命令、第百二十条第一項の規定による指示、同条第十一項の規定による命令、第百二十一条第一項の規定による指示又は同条第四項において読み替えて準用する第百二十条第十一項の規定による命令により漁業権の内容たる漁業を禁止された期間は、前項の期間に算入しない。

3　第一項の規定により漁業権を取り消そうとするときは、都道府県知事は、海区漁業調整委員会の意見を聴かなければならない。

4　海区漁業調整委員会は、前項の場合において、漁業権を取り消すべき旨の意見を述べようとするときは、あらかじめ、当該漁業権者にその理由を文書をもつて通知し、公開による意見の聴取を行わなければならない。

5　前項の意見の聴取に際しては、当該漁業権者又はその代理人は、当該事案について弁明し、かつ、証拠を提出することができる。

6　当該漁業権者又はその代理人は、第四項の規定による通知があつた時から意見の聴取が終結する時までの間、都道府県知事に対し、当該事案についてした調査の結果に係る調書その他の当該申請の原因となる事実を証する資料の閲覧を求めることができる。この場合において、都道府県知事は、第三者の利益を害するおそれがあるときその他正当な理由があるときでなければ、その閲覧を拒むことができない。

7　前三項に定めるもののほか、海区漁業調整委員会が行う第四項の意見の聴取に関し必要な事項は、政令で定める。

（資源管理の状況等の報告）

第九十条　漁業権者は、農林水産省令で定めるところにより、その有する漁業権の内容たる漁業における資源管理の状況、漁場の活用の状況その他の農林水産省令で定める事項を都道府県知事に報告しなければならない。ただし、第二十六条第一項若しくは第二項又は第三十条第一項若しくは第二項の規定により都道府県知事に報告した事項については、この限りでない。

（下線部：令和6年6月26日法律第66号、施行日：令和8年4月1日）

2　都道府県知事は、農林水産省令で定めるところにより、海区漁業調整委員会に対し、前項の規定により報告を受けた事項について必要な報告をするものとする。

（指導及び勧告）

第九十一条　都道府県知事は、漁業権者が次の各号のいずれかに該当すると認めるときは、当該漁業権者に対して、漁場の適切かつ有効な活用を図るために必要な措置を講ずべきことを指導するものとする。

一　漁場を適切に利用しないことにより、他の漁業者が営む漁業の生産活動に支障を及ぼし、又は海洋環境の悪化を引き起こしているとき。

二　合理的な理由がないにもかかわらず漁場の一部を利用していないとき。

2　都道府県知事は、前項の規定により指導した者が、その指導に従つていないと認めるときは、その者に対して、当該指導に係る措置を講ずべきことを勧告するものとする。

3　前二項の規定により指導し、又は勧告しようとするときは、都道府県知事は、海区漁業調整委員会の意見を聴かなければならない。

（適格性の喪失等による漁業権の取消し等）

第九十二条　漁業の免許を受けた後に漁業権者が第七十二条第一項又は第二項（同条第四項において準用する場合を含む。）に規定する適格性を有する者でなくなつたときは、都道府県知事は、その漁業権を取り消さなければならない。

2　都道府県知事は、漁業権者が次の各号のいずれかに該当することとなつたときは、その漁業権を取り消し、又はその行使の停止を命ずることができる。

一　漁業に関する法令の規定に違反したとき。

二　前条第二項の規定による勧告に従わないとき。

3　前二項の場合には、第八十九条第三項から第七項までの規定を準用する。

（公益上の必要による漁業権の取消し等）

第九十三条　漁業調整、船舶の航行、停泊又は係留、水底電線の敷設その他公益上必要があると認めるときは、都道府県知事は、漁業権を変更し、取り消し、又はその行使の停止を命ずることができる。

2　都道府県知事は、前項の規定により漁業権を変更するときは、併せて、海区漁場計画又は内水面漁場計画を変更しなければならない。

3　第一項の場合には、第八十九条第三項から第七項までの規定を準用する。

4　農林水産大臣は、都道府県の区域を超えた広域的な見地から、漁業調整、船舶の航行、停泊又は係留、水底電線の敷設その他公益上特に必要があると認めるときは、都道府県知事に対し、第一項の規定により漁業権を変更し、取り消し、又はその行使の停止を命ずべきことを指示することができる。

（錯誤によつてした免許の取消し）

第九十四条　錯誤により免許をした場合においてこれを取り消そうとするときは、都道府県知事は、海区漁業調整委員会の意見を聴かなければならない。

（先取特権者及び抵当権者の保護）

第九十五条　漁業権を取り消したときは、都道府県知事は、直ちに、登録先取特権者等にその旨を通知しなければならない。

2　登録先取特権者等は、前項の通知を受けた日から三十日以内に漁業権の競売を請求することができる。ただし、第九十三条第一項の規定による取消し又は錯誤によつてした免許の取消しの場合は、この限りでない。

3　漁業権は、前項の期間内又は競売の手続完結の日まで、競売の目的の範囲内においては、なお存続するものとみなす。

4　競売による売却代金は、競売の費用及び登録先取特権者等に対する債務の弁済に充て、その残金は国庫に帰属する。

5　買受人が代金を納付したときは、漁業権の取消しは、その効力を生じなかつたものとみなす。

（漁場に定着した工作物の買取り）

第九十六条　漁場に定着する工作物を設置して漁業権の価値を増大させた漁業権者は、その漁業権が消滅したときは、その消滅後に当該工作物の利用によつて利益を受ける漁業の免許を受けた者に対し、時価で当該工作物を買い取るべきことを請求することができる。

第三款　入漁権

（入漁権取得の適格性）

第九十七条　漁業協同組合及び漁業協同組合連合会以外の者は、入漁権を取得することができない。

（入漁権の性質）

第九十八条　入漁権は、物権とみなす。

2　入漁権は、譲渡又は法人の合併若しくは分割による取得の目的となるほか、権利の目的となることができない。

3　入漁権は、漁業権者の同意を得なければ、譲渡することができない。

（入漁権の内容の書面化）

第九十九条　入漁権については、書面により次に掲げる事項を明らかにしなければならない。

一　入漁すべき区域

二　入漁すべき漁業の種類及び漁獲物の種類並びに漁業時期

三　存続期間の定めがあるときはその期間

四　入漁料の定めがあるときはその事項

五　漁業の方法について定めがあるときはその事項

六　漁船、漁具又は漁業者の数について定めがあるときはその事項

七　入漁者の資格について定めがあるときはその事項

八　その他入漁の内容

（裁定による入漁権の設定、変更及び消滅）

第百条　入漁権の設定を求めた場合において漁業権者が不当にその設定を拒み、又は入漁権の内容が適正でないと認めてその変更若しくは消滅を求めた場合において相手方が不当にその変更若しくは消滅を拒んだときは、入漁権の設定、変更又は消滅を拒まれた者は、海区漁業調整委員会に対して、入漁権の設定、変更又は消滅に関する裁定を申請することができる。

2　前項の規定による裁定の申請があつたときは、海区漁業調整委員会は、相手方にその旨を通知し、かつ、農林水産省令の定めるところにより、これを公示しなければならない。

3　第一項の規定による裁定の申請の相手方は、前項の公示の日から二週間以内に海区漁業調整委員会に意見書を提出することができる。

4　海区漁業調整委員会は、前項の期間を経過した後に審議を開始しなければならない。

5　裁定は、その申請の範囲を超えることができない。

6　裁定においては、次に掲げる事項を定めなければならない。

一　入漁権の設定に関する裁定の申請の場合にあつては、設定するかどうか、設定する場合はその内容及び設定の時期

二　入漁権の変更に関する裁定の申請の場合にあつては、変更するかどうか、変更する場合はその内容及び変更の時期

三　入漁権の消滅に関する裁定の申請の場合にあつては、消滅させるかどうか、消滅させる場合は消滅の時期

7　海区漁業調整委員会は、裁定をしたときは、遅滞なく、その旨を裁定の申請の相手方に通知し、かつ、農林水産省令の定めるところにより、これを公示しなければならない。

8　前項の公示があつたときは、その時に、裁定の定めるところにより当事者間に協議が調つたものとみなす。

（入漁権の存続期間）

第百一条　存続期間について別段の定めがない入漁権は、その目的たる漁業権の存続期間中存続するものとみなす。ただし、入漁権を有する者（第百三条において「入漁権者」という。）は、いつでもその権利を放棄することができる。

（入漁権の共有）

第百二条　第八十四条及び第八十五条の規定は、入漁権を共有する場合について準用する。

（入漁料の不払等）

第百三条　入漁権者が入漁料の支払を怠つたときは、漁業権者は、その入漁を拒むことができる。

2　入漁権者が引き続き二年以上入漁料の支払を怠り、又は破産手続開始の決定を受けたときは、漁業権者は、入漁権の消滅を請求することができる。

第百四条　入漁料は、入漁しないときは、支払わなくてもよい。

第四款　漁業権行使規則等

（組合員行使権）

第百五条　団体漁業権若しくは入漁権を有する漁業協同組合の組合員又は団体漁業権若しくは入漁権を有する漁業協同組合連合会の会員たる漁業協同組合の組合員（いずれも漁業者又は漁業従事者であるものに限る。）であつて、当該団体漁業権又は入漁権に係る漁業権行使規則又は入漁権行使規則で規定する資格に該当するものは、当該漁業権行使規則又は入漁権行使規則に基づいて当該団体漁業権又は入漁権の範囲内において漁業を営む権利（以下「組合員行使権」という。）を有する。

（漁業権行使規則等）

第百六条　漁業権行使規則は、団体漁業権を有する漁業協同組合又は漁業協同組合連合会において、団体漁業権ごとに制定するものとする。

2　入漁権行使規則は、入漁権を有する漁業協同組合又は漁業協同組合連合会において、入漁権ごとに制定するものとする。

3　漁業権行使規則及び入漁権行使規則（以下この条において「行使規則」という。）には、次に掲げる事項を規定するものとする。

一　組合員行使権を有する者（以下この項において「組合員行使権者」という。）の資格

二　漁業権又は入漁権の内容たる漁業につき、漁業を営むべき区域又は期間、当該漁業の方法その他組合員行使権者が当該漁業を営む場合において遵守すべき事項

三　組合員行使権者がその有する組合員行使権に基づいて漁業を営む場合において、当該漁業協同組合又は漁業協同組合連合会が当該組合員行使権者に金銭を賦課するときは、その額

4　区画漁業又は第一種共同漁業を内容とする団体漁業権を有する漁業協同組合又は漁業協同組合連合会は、その有する団体漁業権について漁業権行使規則を定めようとするときは、水産業協同組合法（昭和二十三年法律第二百四十二号）の規定による総会（総会の部会及び総代会を含む。）の決議前に、その組合員（漁業協同組合連合会の場合には、その会員たる漁業協同組合の組合員）のうち、当該漁業権に係る漁業の免許の際において当該漁業権の内容たる漁業を営

む者（第七十二条第二項第二号の要件に該当することにより同項（同条第四項において準用する場合を含む。）の規定により適格性を有するとされた者に係る団体漁業権にあつては、当該沿岸漁業を営む者（河川以外の内水面における漁業を内容とする団体漁業権にあつては当該内水面において漁業を営む者、河川における漁業を内容とする団体漁業権にあつては当該河川において水産動植物の採捕又は養殖をする者））であつて当該漁業権の関係地区の区域内に住所を有するものの三分の二以上の書面による同意を得なければならない。

5　前項の場合において、水産業協同組合法第二十一条第三項（同法第八十九条第三項において準用する場合を含む。）の規定により電磁的方法（同法第十一条の三第四項に規定する電磁的方法をいう。）により議決権を行うことが定款で定められているときは、当該書面による同意に代えて、当該漁業権行使規則についての同意を当該電磁的方法により得ることができる。この場合において、当該漁業協同組合又は漁業協同組合連合会は、当該書面による同意を得たものとみなす。

6　前項前段の電磁的方法（水産業協同組合法第十

一条の三第五項の農林水産省令で定める方法を除く。）により得られた当該漁業権行使規則についての同意は、漁業協同組合又は漁業協同組合連合会の使用に係る電子計算機に備えられたファイルへの記録がされた時に当該漁業協同組合又は漁業協同組合連合会に到達したものとみなす。

7　行使規則は、都道府県知事の認可を受けなければ、その効力を生じない。

8　都道府県知事は、申請に係る行使規則が不当に差別的であると認めるときは、これを認可してはならない。

9　第四項から第六項までの規定は漁業権行使規則の変更又は廃止について、第七項の規定は行使規則の変更又は廃止について、前項の規定は行使規則の変更について準用する。この場合において、第四項中「当該漁業権に係る漁業の免許の際において当該漁業権の内容たる漁業を営む者」とあるのは、「当該漁業権の内容たる漁業を営む者」と読み替えるものとする。

10　行使規則は、当該行使規則を制定した漁業協同組合の組合員又は漁業協同組合連合会の会員たる漁業協同組合の組合員以外の者に対しては、効力を有しない。

（総会の部会についての特例）

第百七条　団体漁業権を有する漁業協同組合が当該団体漁業権に係る総会の部会（水産業協同組合法第五十一条の二第一項に規定する総会の部会をいう。）を設けている場合においては、当該総会の部会は、当該団体漁業権の存続期間の満了に際し、漁場の位置及び区域並びに漁業の種類が当該満了する団体漁業権とおおむね等しいと認められるものとして設定される団体漁業権の取得について、総会の権限を行うことができる。

（組合員の同意）

第百八条　第百六条第四項から第六項までの規定は、漁業協同組合又は漁業協同組合連合会がその有する団体漁業権を分割し、変更し、又は放棄しようとする場合について準用する。この場合において、同条第四項中「当該漁業権に係る漁業の免許の際において当該漁業権の内容たる漁業を営む者」とあるのは、「当該漁業権の内容たる漁業を営む者」と読み替えるものとする。

第四節　沿岸漁場管理

（沿岸漁場管理団体の指定）

第百九条　都道府県知事は、海区漁場計画に基づき、当該海区漁場計画で設定した保全沿岸漁場ごとに、漁業協同組合若しくは漁業協同組合連合会又は一般社団法人若しくは一般財団法人であつて、次に掲げる基準に適合すると認められるものを、その申請により、沿岸漁場管理団体として指定することができる。

一　次条に規定する適格性を有する者であること。

二　役員又は職員の構成が、保全活動の実施に支障を及ぼすおそれがないものであること。

三　保全活動以外の業務を行つている場合には、その業務を行うことによつて保全活動の適正かつ確実な実施に支障を及ぼすおそれがないこと。

2　都道府県知事は、保全活動の適切な実施を確保するために必要があると認めるときは、前項の規定による指定をするに当たり、条件を付けることができる。

3　都道府県知事は、第一項の規定により沿岸漁場管理団体を指定しようとするときは、海区漁業調整委員会の意見を聴かなければならない。

（沿岸漁場管理団体の適格性）

第百十条　沿岸漁場管理団体の適格性を有する者は、次の各号のいずれにも該当しない者とする。

一　その役員又は政令で定める職員のうちに暴力団員等がある者であること。

二　暴力団員等がその事業活動を支配する者であること。

三　適確な経理その他保全活動を適切に実施するために必要な能力を有すると認められないこと。

（沿岸漁場管理規程）

第百十一条　沿岸漁場管理団体は、沿岸漁場管理規程を定め、都道府県知事の認可を受けなければならない。

2　沿岸漁場管理規程には、次に掲げる事項を規定するものとする。

一　水産動植物の生育環境の保全又は改善の目標

二　保全活動を実施する区域及び期間

三　保全活動の内容

四　保全活動の実施に関し遵守すべき事項

五　保全活動に従事する者（第八号において「活動従事者」という。）のうち保全沿岸漁場において漁業を営む者及びその他の者の役割分担その他保全活動の円滑な実施の確保に関する事項

六　保全活動により保全沿岸漁場において漁業を営む者その他の者が受けると見込まれる利益の内容及び程度

七　前号の利益を受けることが見込まれる者の範囲

八　保全活動に要する費用の見込みに関する事項（当該費用の一部の負担について前号の者（活動従事者を除く。以下この節において「受益者」という。）に協力を求めようとするときは、その額及び算定の根拠並びに使途を含む。）

九　前各号に掲げるもののほか、保全活動に関する事項であつて農林水産省令で定めるもの

3　沿岸漁場管理団体は、沿岸漁場管理規程を変更しようとするときは、都道府県知事の認可を受けな

ければならない。

4　第一項又は前項の認可の申請があつたときは、都道府県知事は、海区漁業調整委員会の意見を聴かなければならない。

5　都道府県知事は、沿岸漁場管理規程の内容が次の各号のいずれにも該当するときは、認可をしなければならない。

一　保全活動を効果的かつ効率的に行う上で的確であると認められるものであること。

二　不当に差別的なものでないこと。

三　受益者に第二項第八号の協力（第百十三条及び第百十四条において単に「協力」という。）を求めようとするときは、その額が利益の内容及び程度に照らして妥当なものであること。

6　都道府県知事は、第一項又は第三項の認可をしたときは、沿岸漁場管理団体の名称その他の農林水産省令で定める事項を公示しなければならない。

（沿岸漁場管理団体の活動）

第百十二条　沿岸漁場管理団体は、沿岸漁場管理規程に基づいて保全活動を行うものとする。

2　沿岸漁場管理団体は、農林水産省令で定めるところにより、保全活動の実施状況、収支状況その他の農林水産省令で定める事項を都道府県知事に報告しなければならない。

3　都道府県知事は、保全活動の実施状況、収支状況その他の農林水産省令で定める事項を海区漁業調整委員会に報告するとともに、公表するものとする。

（保全活動への協力のあっせん）

第百十三条　沿岸漁場管理団体は、保全活動の実施に当たり、受益者の協力が得られないときは、都道府県知事に対し、当該協力を得るために必要なあっせんをすべきことを求めることができる。

2　都道府県知事は、前項の規定によりあっせんを求められた場合において、当該受益者の協力が特に必要であると認めるときは、あっせんをするものとする。

（協力が得られない場合の措置）

第百十四条　前条第二項のあっせんを受けたにもかかわらず、なお受益者の協力が得られないことにより沿岸漁場管理団体が保全活動を実施する上で支障が生じている場合において、第六十四条第一項（同条第八項において準用する場合を含む。）の規定により沿岸漁場管理団体がその支障の除去に関する意見を述べたときは、都道府県知事は、海区漁場計画を定め、又は変更するに当たり、当該意見を尊重するものとする。

2　都道府県知事は、前条第二項のあっせんをしたにもかかわらず、なお受益者（保全沿岸漁場において漁業を営む者に限る。）の協力が得られないことにより沿岸漁場管理団体が保全活動を実施する上で支障が生じていると認めるときは、第五十八条において準用する第四十四条第一項若しくは第二項の規定又は第八十六条第一項、第九十三条第一項若しくは第百十九条第一項若しくは第二項の規定により必要な措置を講ずるものとする。

（保全活動の休廃止）

第百十五条　沿岸漁場管理団体は、都道府県知事の

認可を受けなければ、沿岸漁場管理規程に基づく保全活動の全部又は一部を休止し、又は廃止してはならない。

2　都道府県知事が前項の規定により保全活動の全部の廃止を認可したときは、当該沿岸漁場管理団体の指定は、その効力を失う。

3　都道府県知事は、第一項の認可をしたときは、その旨を公示しなければならない。

（指定の取消し等）

第百十六条　都道府県知事は、沿岸漁場管理団体が保全活動を適切に行つておらず、又は第百九条第二項の規定により付けた条件を遵守していないと認めるときは、当該沿岸漁場管理団体に対して、保全活動を適切に行うべき旨又は当該条件を遵守すべき旨を勧告するものとする。

2　都道府県知事は、沿岸漁場管理団体が第百十条に規定する適格性を有する者でなくなつたときは、その指定を取り消さなければならない。

3　都道府県知事は、第一項の規定による勧告を受けた沿岸漁場管理団体がその勧告に従わないときは、その指定を取り消すことができる。

4　前二項の場合には、第八十九条第三項から第七項までの規定を準用する。

第五節　補則

（登録）

第百十七条　漁業権並びにこれを目的とする先取特権、抵当権及び入漁権の設定、取得、保存、移転、変更、消滅及び処分の制限並びに第九十二条第二項又は第九十三条第一項の規定による漁業権の行使の停止及びその解除は、免許漁業原簿に登録する。

2　前項の規定による登録は、登記に代わるものとする。

3　第二十条第二項から第四項までの規定は、免許漁業原簿について準用する。

4　前三項に規定するもののほか、第一項の規定にによる登録に関して必要な事項は、政令で定める。

(裁判所の管轄)

第百十八条　裁判所の土地の管轄が不動産所在地によつて定まる場合には、漁場に最も近い沿岸の属する市町村を不動産所在地とみなす。

第五章　漁業調整に関するその他の措置

(漁業調整に関する命令)

第百十九条　農林水産大臣又は都道府県知事は、漁業調整のため、特定の種類の水産動植物であつて農林水産省令若しくは規則で定めるものの採捕を目的として営む漁業若しくは特定の漁業の方法であつて農林水産省令若しくは規則で定めるものにより営む漁業（水産動植物の採捕に係るものに限る。）を禁止し、又はこれらの漁業について、農林水産省令若しくは規則で定めるところにより、農林水産大臣若しくは都道府県知事の許可を受けなければならないこととすることができる。

2　農林水産大臣又は都道府県知事は、漁業調整のため、次に掲げる事項に関して必要な農林水産省令又は規則を定めることができる。

一　水産動植物の採捕又は処理に関する制限又は禁止（前項の規定により漁業を営むことを禁止すること及び農林水産大臣又は都道府県知事の許可を受けなければならないこととすることを除く。）

二　水産動植物若しくはその製品の販売又は所持に関する制限又は禁止

三　漁具又は漁船に関する制限又は禁止

四　漁業者の数又は資格に関する制限

3　前項の規定による農林水産省令又は規則には、必要な罰則を設けることができる。

4　前項の罰則に規定することができる罰は、農林水産省令にあつては二年以下の懲役、五十万円以下の罰金、拘留若しくは科料又はこれらの併科、規則にあつては六月以下の懲役、十万円以下の罰金、拘留若しくは科料又はこれらの併科とする。

5　第二項の規定による農林水産省令又は規則には、犯人が所有し、又は所持する漁獲物、その製品、漁船及び漁具その他水産動植物の採捕又は養殖の用に供される物の没収並びに犯人が所有していたこれらの物件の全部又は一部を没収することができない場合におけるその価額の追徴に関する規定を設けることができる。

6　農林水産大臣は、第一項及び第二項の農林水産省令を制定し、又は改廃しようとするときは、水産政策審議会の意見を聴かなければならない。

7　都道府県知事は、第一項及び第二項の規則を制定し、又は改廃しようとするときは、農林水産大臣の認可を受けなければならない。

8　都道府県知事は、第一項及び第二項の規則を制定し、又は改廃しようとするときは、関係海区漁業調整委員会の意見を聴かなければならない。

（海区漁業調整委員会又は連合海区漁業調整委員会の指示）

第百二十条　海区漁業調整委員会又は連合海区漁業調整委員会は、水産動植物の繁殖保護を図り、漁業権（第六十条第一項に規定する漁業権をいう。以下同じ。）又は入漁権（同条第七項に規定する入漁権をいう。次条第一項において同じ。）の行使を適切にし、漁場の使用に関する紛争の防止又は解決を図り、その他漁業調整のために必要があると認めるときは、関係者に対し、水産動植物の採捕に関する制限又は禁止、漁業者の数に関する制限、漁場の使用に関する制限その他必要な指示をすることができる。

2　前項の規定による海区漁業調整委員会の指示が同項の規定による連合海区漁業調整委員会の指示に抵触するときは、当該海区漁業調整委員会の指示は、抵触する範囲においてその効力を有しない。

3　都道府県知事は、海区漁業調整委員会又は連合海区漁業調整委員会に対し、第一項の指示について必要な指示をすることができる。この場合には、都道府県知事は、あらかじめ、農林水産大臣に当該指示の内容を通知するものとする。

4　第一項の場合において、都道府県知事は、その指示が妥当でないと認めるときは、その全部又は一部を取り消すことができる。

5　第一項の規定による指示については、第八十六条第三項の規定を準用する。この場合において、同項中「都道府県知事」とあるのは、「海区漁業調整委員会又は連合海区漁業調整委員会」と読み替えるものとする。

6　前項において準用する第八十六条第三項の規定による指示に従つてされた第一項の指示については、第四項の規定は適用しない。

7　農林水産大臣は、第五項において準用する第八十六条第三項の規定により指示をしようとするときは、あらかじめ、関係都道府県知事に当該指示の内容を通知しなければならない。ただし、地方自治法（昭和二十二年法律第六十七号）第二百五十条の六第一項の規定による通知をした場合は、この限りでない。

8　第一項の指示を受けた者がこれに従わないときは、海区漁業調整委員会又は連合海区漁業調整委員会は、都道府県知事に対して、その者に当該指示に従うべきことを命ずべき旨を申請することができる。

9　都道府県知事は、前項の申請を受けたときは、その申請に係る者に対して、異議があれば一定の期間内に申し出るべき旨を催告しなければならない。

10　前項の期間は、十五日を下ることができない。

11　第九項の場合において、同項の期間内に異議の申出がないとき又は異議の申出に理由がないときは、都道府県知事は、第八項の申請に係る者に対し、第一項の指示に従うべきことを命ずることができる。

12　都道府県知事が前項の規定による命令をしない場合には、第八十六条第三項の規定を準用する。

（広域漁業調整委員会の指示）

第百二十一条　広域漁業調整委員会は、都道府県の区域を超えた広域的な見地から、水産動植物の繁殖保護を図り、漁業権又は入漁権（第百八十四条の規定により農林水産大臣が自ら都道府県知事の権限を行う漁場に係る漁業権又は入漁権に限る。）の行使を適切にし、漁場（同条の規定により農林水産大臣が自ら都道府県知事の権限を行うものに限る。）の使用に関する紛争の防止又は解決を図り、その他漁業調整のために必要があると認めるときは、関係者に対し、水産動植物の採捕に関する制限又は禁止、漁業者の数に関する制限、漁場の使用に関する制限その他必要な指示をすることができる。

（下線部：令和6年6月26日法律第66号、施行日：令和8年4月1日）

2　前条第一項の規定による海区漁業調整委員会又は連合海区漁業調整委員会の指示が前項の規定による広域漁業調整委員会の指示に抵触するときは、当該海区漁業調整委員会又は連合海区漁業調整委員会の指示は、抵触する範囲においてその効力を有しない。

3　農林水産大臣は、広域漁業調整委員会に対し、第一項の指示について必要な指示をすることができる。

4　第一項の規定による指示については、前条第四項及び第八項から第十一項までの規定を準用する。この場合において、同条第四項、第八項、第九項及び第十一項中「都道府県知事」とあるのは「農林水産大臣」と、同条第八項中「海区漁業調整委員会又は連合海区漁業調整委員会」とあるのは「広域漁業調整委員会」と読み替えるものとする。

（漁場又は漁具等の標識）

第百二十二条　都道府県知事は、漁業者、漁業協同組合又は漁業協同組合連合会に対して、漁場の標識の建設又は漁具その他水産動植物の採捕若しくは養殖の用に供される物の標識の設置を命ずることができる。

（公共の用に供しない水面）

第百二十三条　公共の用に供しない水面であつて公共の用に供する水面又は第四条の水面に通ずるものには、命令をもつて第百十九条の規定及びこれに係る罰則を適用することができる。

（協定の締結）

第百二十四条　漁業者は、漁獲割当管理区分以外の管理区分（第七条第二項に規定する管理区分をいう。）における特定水産資源又は特定水産資源以外の水産資源の保存及び管理に関して、協定を締結し、農林水産省令の定めるところにより、農林水産大臣又は都道府県知事に提出して、当該協定が適当である旨の認定を受けることができる。

2　前項の協定（以下この章において単に「協定」という。）においては、次に掲げる事項を定めるものとする。

一　協定の対象となる水域並びに水産資源の種類及び漁業の種類
二　協定の対象となる種類の水産資源の保存及び管理の方法
三　協定の有効期間
四　協定に違反した場合の措置
五　その他農林水産省令で定める事項

（協定の認定等）

第百二十五条　農林水産大臣又は都道府県知事は、前条第一項の認定の申請に係る協定の内容が次の各号のいずれにも該当すると認めるときは、同項の認定をするものとする。
一　資源管理基本方針又は都道府県資源管理方針に照らして適当なものであること。
二　不当に差別的でないこと。
三　この法律及びこの法律に基づく命令その他関係法令に違反するものでないこと。
四　特定水産資源を対象とする協定にあつては、当該特定水産資源に係る大臣管理漁獲可能量又は知事管理漁獲可能量を超えないように漁獲量の管理を行うために効果的なものであると認められるものであること。

五　特定水産資源以外の水産資源を対象とする協定にあつては、この法律及びこの法律に基づく命令その他関係法令により漁業者が遵守しなければならない措置以外に当該水産資源の保存及び管理に効果的と認められる措置が定められていること。

六　その他農林水産省令で定める基準を満たしていること。

2　前項に規定するもののほか、協定の認定（協定の変更の認定を含む。）及びその取消し並びに協定の廃止に関し必要な事項は、政令で定める。

（協定への参加のあつせん等）

第百二十六条　第百二十四条第一項の認定を受けた協定（以下この条及び次条において「認定協定」という。）に参加している者は、認定協定の対象となる水域において認定協定の対象となる種類の水産資源について認定協定の対象となる種類の漁業を営む者であつて認定協定に参加していないものに対し認定協定を示して参加を求めた場合においてその参加を承諾しない者があるときは、農林水産省令で定めるところにより、同項の認定をした農林水産大臣又は都道府県知事に対し、その者の承諾を得るために必要なあつせんをすべきことを求めることができる。

2　農林水産大臣又は都道府県知事は、前項の規定による申請があつた場合において、認定協定に参加していない者の認定協定への参加が前条第一項の規定に照らして相当であり、かつ、認定協定の内容からみてその者に対し参加を求めることが特に必要であると認めるときは、あつせんをするものとする。

3　認定協定に参加している者は、その数が認定協定の対象となる水域において認定協定の対象となる水産資源について認定協定の対象となる種類の漁業を営む者の全ての数の三分の二以上であつて農林水産省令で定める割合を超えていることその他の農林水産省令で定める基準に該当するときは、農林水産省令で定めるところにより、農林水産大臣又は都道府県知事に対し、認定協定の目的を達成するために必要な措置を講ずべきことを求めることができる。

4　農林水産大臣又は都道府県知事は、前項の規定による申出があつた場合において、資源管理のために必要があると認めるときは、その申出の内容を勘案して、第四十四条第一項若しくは第二項（これらの規定を第五十八条において準用する場合を含む。）、

第五十五条第一項、第八十六条第一項若しくは第三項、第九十三条第一項若しくは第四項又は第百十九条第一項若しくは第二項の規定により必要な措置を講ずるものとする。

（実施状況の報告）

第百二十七条　農林水産大臣又は都道府県知事は、認定協定に参加している者に対し、認定協定の実施状況について報告を求めることができる。

（漁業監督公務員）

第百二十八条　農林水産大臣又は都道府県知事は、所部の職員の中から漁業監督官又は漁業監督吏員を命じ、漁業に関する法令の励行に関する事務をつかさどらせる。

2　漁業監督官の資格について必要な事項は、政令で定める。

3　漁業監督官又は漁業監督吏員は、必要があると認めるときは、漁場、船舶、事業場、事務所、倉庫その他の場所に臨んでその状況若しくは帳簿書類その他の物件を検査し、又は関係者に対し質問をすることができる。

4　漁業監督官又は漁業監督吏員がその職務を行う場合には、その身分を証明する証票を携帯し、要求があるときはこれを提示しなければならない。

5　漁業監督官及び漁業監督吏員であつてその所属する官公署の長がその者の主たる勤務地を管轄する地方裁判所に対応する検察庁の検事正と協議をして指名したものは、漁業に関する罪に関し、刑事訴訟法（昭和二十三年法律第百三十一号）の規定による司法警察員として職務を行う。

（漁業監督官と漁業監督吏員の協力）

第百二十九条　農林水産大臣は、捜査上特に必要があると認めるときは、都道府県知事に対し、特定の事件につき、当該都道府県の漁業監督吏員を漁業監督官に協力させるべきことを求めることができる。この場合においては、当該漁業監督吏員は、捜査に必要な範囲において、農林水産大臣の指揮監督を受けるものとする。

2　都道府県知事は、捜査上特に必要があると認めるときは、農林水産大臣に対し、特定の事件につき、漁業監督官の協力を申請することができる。この場合においては、農林水産大臣は、適当と認めるときは、当該漁業監督官を協力させるものとする。

（漁業監督吏員と都道府県の区域）

第百三十条　漁業監督吏員は、前条に規定する場合のほか、捜査のため必要がある場合において、農林水産大臣の許可を受けたときは、当該都道府県の区域外においても、その職務を行うことができる。

（停泊命令等）

第百三十一条　農林水産大臣又は都道府県知事は、漁業者その他水産動植物を採捕し、又は養殖する者が漁業に関する法令の規定又はこれらの規定に基づく処分に違反する行為をしたと認めるとき（第二十七条及び第三十四条に規定する場合を除く。）は、当該行為をした者が使用する船舶について停泊港及び停泊期間を指定して停泊を命じ、又は当該行為に使用した漁具その他水産動植物の採捕若しくは養殖の用に供される物について期間を指定してその使用の禁止若しくは陸揚げを命ずることができる。

2　農林水産大臣又は都道府県知事は、前項の規定による処分（第二十五条第一項の規定に違反する行為に係るものを除く。）をしようとするときは、行政手続法第十三条第一項の規定による意見陳述のための手続の区分にかかわらず、聴聞を行わなければならない。

3　第一項の規定による処分に係る聴聞の期日における審理は、公開により行わなければならない。

（特定水産動植物の採捕の禁止）

第百三十二条　何人も、特定水産動植物（財産上の不正な利益を得る目的で採捕されるおそれが大きい水産動植物であつて当該目的による採捕が当該水産動植物の生育又は漁業の生産活動に深刻な影響をもたらすおそれが大きいものとして農林水産省令で定めるものをいう。次項第四号及び第百九十条において同じ。）を採捕してはならない。

（下線部：令和6年6月26日法律第66号、施行日：令和8年4月1日）

2　前項の規定は、次に掲げる場合には、適用しない。

一　漁獲割当管理区分において年次漁獲割当量設定者がその設定を受けた年次漁獲割当量の範囲内において採捕する場合

二　第三十六条第一項、第五十七条第一項、第八十八条第一項（同条第五項において準用する場合を含む。）又は第百十九条第一項の規定による許可を受けた者が当該許可に基づいて漁業を営む場合

三　漁業権又は組合員行使権を有する者がこれらの権利に基づいて漁業を営む場合

四　前三号に掲げる場合のほか、当該特定水産動植物の生育及び漁業の生産活動への影響が軽微な場合として農林水産省令で定める場合

（漁獲努力量の調整のための措置）

第百三十三条　国は、漁業調整の円滑な実施を確保するため、水産資源の状況及び当該水産資源の採捕の状況に照らし、当該水産資源の採捕に使用される船舶の数又は操業日数の削減その他の漁業者による漁獲努力量（第七条第三項に規定する漁獲努力量をいう。）の調整を図るために必要な措置を講ずるものとする。

第六章　漁業調整委員会等

第一節　総則

（漁業調整委員会）

第百三十四条　漁業調整委員会は、海区漁業調整委員会、連合海区漁業調整委員会及び広域漁業調整委員会とする。

2　海区漁業調整委員会は都道府県知事の監督に、連合海区漁業調整委員会はその設置された海区を管轄する都道府県知事の監督に、広域漁業調整委員会は農林水産大臣の監督に属する。

（所掌事項）

第百三十五条　漁業調整委員会は、その設置された海区又は海域の区域内における漁業に関する事項を処理する。

第二節　海区漁業調整委員会

（設置）

第百三十六条　海区漁業調整委員会は、海面につき農林水産大臣が定める海区に置く。

2　農林水産大臣は、前項の規定により海区を定めたときは、これを公示する。

（構成）

第百三十七条　海区漁業調整委員会は、委員をもつて組織する。

2　海区漁業調整委員会に会長を置く。会長は、委員が互選する。ただし、委員が会長を互選することができないときは、都道府県知事が委員の中からこれを選任する。

3　海区漁業調整委員会は、その所掌事務を行うにつき会長を不適当と認めるときは、その決議によりこれを解任することができる。

4　都道府県知事は、専門の事項を調査審議させるために必要があると認めるときは、委員会に専門委員を置くことができる。

5　専門委員は、学識経験がある者の中から、都道府県知事が選任する。

6　委員会には、書記又は補助員を置くことができる。

（委員の任命）

第百三十八条　委員は、漁業に関する識見を有し、海区漁業調整委員会の所掌に属する事項に関しその職務を適切に行うことができる者のうちから、都道府県知事が、議会の同意を得て、任命する。

2　委員の定数は、十五人（農林水産大臣が指定する海区に設置される海区漁業調整委員会にあつては、十人）とする。ただし、十人から二十人までの範囲内において、条例でその定数を増加し、又は減少することができる。

3　前項の定数の変更は、委員の任期満了の場合でなければ、行うことができない。

4　次の各号のいずれかに該当する者は、委員となることができない。

一　年齢満十八年未満の者

二　破産手続開始の決定を受けて復権を得ない者

三　禁錮以上の刑に処せられ、その執行を終わるまで又はその執行を受けることがなくなるまでの者

5　都道府県知事は、第一項の規定による委員の任命に当たつては、海区漁業調整委員会が設置される海区に沿う市町村（海に沿わない市町村であつて、当該海区において漁業を営み、又はこれに従事する者が相当数その区域内に住所又は事業場を有していることその他の特別の事由によつて農林水産大臣が指定したものを含む。）の区域内に住所又は事業場を有する漁業者又は漁業従事者（一年に九十日以上、漁船を使用する漁業を営み、又は漁業者のために漁船を使用して行う水産動植物の採捕若しくは養殖に従事する者に限る。）が委員の過半数を占めるようにしなければならない。この場合において、都道府県知事は、漁業者又は漁業従事者が営み、又は従事する漁業の種類、操業区域その他の農林水産省令で定める事項に著しい偏りが生じないように配慮しなければならない。

6　都道府県知事は、当該海区の特殊な事情により、当該海区漁業調整委員会の意見を聴いて、前項の漁業者又は漁業従事者の範囲を拡張し、又は限定することができる。

7　都道府県知事は、第五項に定めるもののほか、第一項の規定による委員の任命に当たつては、資源管理及び漁業経営に関する学識経験を有する者並びに海区漁業調整委員会の所掌に属する事項に関し利害関係を有しない者が含まれるようにしなければならない。

8　都道府県知事は、第一項の規定による委員の任命に当たつては、委員の年齢及び性別に著しい偏りが生じないように配慮しなければならない。

9　都道府県知事は、第百七十一条第一項ただし書の規定により内水面漁場管理委員会を置かない場合における第一項の規定による委員の任命に当たつては、第五項及び第七項に定めるもののほか、内水面における漁業に関する識見を有する者が含まれるようにしなければならない。

第百三十九条　都道府県知事は、前条第一項の規定により委員を任命しようとするときは、農林水産省令で定めるところにより、あらかじめ、漁業者、漁業者が組織する団体その他の関係者に対し候補者の推薦を求めるとともに、委員になろうとする者の募集をしなければならない。

2　都道府県知事は、農林水産省令で定めるところにより、前項の規定による推薦を受けた者及び同項の規定による募集に応募した者に関する情報を整理し、これを公表しなければならない。

3　都道府県知事は、前条第一項の規定による委員の任命に当たつては、第一項の規定による推薦及び募集の結果を尊重しなければならない。

（兼職の禁止）

第百四十条　委員は、都道府県の議会の議員と兼ねることができない。

（委員の辞任）

第百四十一条　委員は、正当な事由があるときは、都道府県知事及び海区漁業調整委員会の同意を得て辞任することができる。

（委員の失職）

第百四十二条　委員は、第百三十八条第四項各号のいずれかに該当するに至つた場合には、その職を失う。

（委員の任期）

第百四十三条　委員の任期は、四年とする。

2　補欠の委員の任期は、前任者の残任期間とする。

3　委員は、その任期が満了しても、後任の委員が就任するまでの間は、なおその職務を行う。

（委員の罷免）

第百四十四条　都道府県知事は、委員が心身の故障のため職務の執行ができないと認める場合又は職務上の義務に違反した場合その他委員たるに適しない非行があると認める場合には、議会の同意を得て、これを罷免することができる。

2　　委員は、前項の場合を除き、その意に反して罷免されることがない。

（委員会の会議）

第百四十五条　　海区漁業調整委員会は、定員の過半数に当たる委員が出席しなければ、会議を開くことができない。

2　　議事は、出席委員の過半数で決する。可否同数のときは、会長の決するところによる。

3　　海区漁業調整委員会の会議は、公開する。

4　　会長は、農林水産省令で定めるところにより、議事録を作成し、これをインターネットの利用その他の適切な方法により公表しなければならない。

第百四十六条　　委員は、自己又は同居の親族若しくはその配偶者に関する事件については、議事に参与することができない。ただし、海区漁業調整委員会の承認があつたときは、会議に出席し、発言することができる。

第三節　連合海区漁業調整委員会

（設置）

第百四十七条　都道府県知事は、必要があると認めるときは、特定の目的のために、二以上の海区の区域を合した海区に連合海区漁業調整委員会を置くことができる。

2　農林水産大臣は、必要があると認めるときは、都道府県知事に対して、連合海区漁業調整委員会を設置すべきことを勧告することができる。この場合には、都道府県知事は、当該勧告を尊重しなければならない。

3　都道府県知事が第一項の規定により連合海区漁業調整委員会を置こうとする場合において、その海区の一部が他の都道府県知事の管轄に属するときは、当該都道府県知事と協議しなければならない。

4　海区漁業調整委員会は、必要があると認めるときは、特定の目的のために、他の海区漁業調整委員会と協議して、その区域と当該他海区漁業調整委員会の区域とを合した海区に連合海区漁業調整委員会を置くことができる。

5　前項の協議が調わないときは、海区漁業調整委員会は、これを監督する都道府県知事に対して、これに代わるべき定めをすべきことを申請することができる。この場合において、各海区漁業調整委員会を監督する都道府県知事が異なるときは、その協議によつて定める。

6　第三項又は前項の協議が調わないときは、都道府県知事は、農林水産大臣に対して、これに代わるべき定めをすべきことを申請することができる。

7　前二項の規定により都道府県知事又は農林水産大臣が定めをしたときは、その定めるところにより協議が調つたものとみなす。

（構成）

第百四十八条　連合海区漁業調整委員会は、委員をもつて組織する。

2　　委員は、その海区の区域内に設置された各海区漁業調整委員会の委員の中からその定めるところにより選出された各同数の委員をもつて充てる。ただし、海区漁業調整委員会の数が次項の規定による委員の定数を超える場合にあつては、各海区漁業調整委員会の委員の中から一人を選出し、その者が互選した者をもつて充てる。

3　　委員の定数は、前条第一項に規定する場合にあつては、同条第三項に規定する場合を除き、都道府県知事が、同項に規定する場合にあつては各都道府県知事が協議して、同条第四項に規定する場合にあつては各海区漁業調整委員会が協議して定める。

4　　前条第一項の規定により連合海区漁業調整委員会を設置した都道府県知事又は同条第四項の規定により連合海区漁業調整委員会を設置した海区漁業調整委員会を監督する都道府県知事は、必要があると認めるときは、第二項の規定により選出される委員のほか、学識経験がある者の中から、その三分の二以下の人数を限り、委員を選任することができる。

5　前項の委員の選任については、前条第三項に規定する場合及び同条第五項後段に規定する場合にあつては、当該都道府県知事と協議しなければならない。

6　第三項の海区漁業調整委員会の協議が調わないときは、前条第五項の規定を準用する。

7　第三項、第五項又は前項において準用する前条第五項の都道府県知事の協議が調わないときは、同条第六項の規定を準用する。

8　前三項の場合には、前条第七項の規定を準用する。

（委員の任期及び解任）

第百四十九条　前条第二項の規定により選出された委員の任期及び解任に関して必要な事項は、各委員の属する海区漁業調整委員会の定めるところによる。

（委員の失職）

第百五十条　第百四十八条第二項の規定により選出

された委員は、海区漁業調整委員会の委員でなくなつたときは、その職を失う。

（準用規定）

第百五十一条　第百三十七条第二項から第六項まで、第百四十一条、第百四十三条第三項及び第百四十四条から第百四十六条までの規定は、連合海区漁業調整委員会に準用する。この場合において、第百三十七条第二項ただし書及び第五項中「都道府県知事が」とあるのは「第百四十八条第四項の委員の選任方法に準じて」と、第百四十一条及び第百四十四条第一項中「都道府県知事」とあるのは「第百四十八条第四項に規定する都道府県知事」と、同項中「議会の同意を得て」とあるのは「その選任方法に準じて」と読み替えるものとする。

第四節　広域漁業調整委員会

（設置）

第百五十二条　太平洋に太平洋広域漁業調整委員会を、日本海・九州西海域に日本海・九州西広域漁業調整委員会を、瀬戸内海に瀬戸内海広域漁業調整委員会を置く。

2　前項の規定において「太平洋」、「日本海・九州西海域」又は「瀬戸内海」とは、我が国の排他的経済水域、領海及び内水（内水面を除く。）のうち、それぞれ、太平洋の海域、日本海及び九州の西側の海域又は瀬戸内海の海域（これらに隣接する海域を含む。）で政令で定めるものをいう。

（構成）

第百五十三条　広域漁業調整委員会は、委員をもつて組織する。

2　太平洋広域漁業調整委員会の委員は、次に掲げる者をもつて充てる。

一　太平洋の区域内に設置された海区漁業調整委員会の委員が都道県ごとに互選した者各一人

二　太平洋の区域内において漁業を営む者の中から農林水産大臣が選任した者七人

三　学識経験がある者の中から農林水産大臣が選任した者三人

3　日本海・九州西広域漁業調整委員会の委員は、

次に掲げる者をもつて充てる。

一　日本海・九州西海域の区域内に設置された海区漁業調整委員会の委員が道府県ごとに互選した者各一人

二　日本海・九州西海域の区域内において漁業を営む者の中から農林水産大臣が選任した者七人

三　学識経験がある者の中から農林水産大臣が選任した者三人

4　瀬戸内海広域漁業調整委員会の委員は、次に掲げる者をもつて充てる。

一　瀬戸内海の区域内に設置された海区漁業調整委員会の委員が府県ごとに互選した者各一人

二　学識経験がある者の中から農林水産大臣が選任した者三人

（議決の再議）

第百五十四条　農林水産大臣は、広域漁業調整委員会の議決が法令に違反し、又は著しく不当であると認めるときは、理由を示してこれを再議に付することができる。ただし、議決があつた日から一月を経過したときは、この限りでない。

（解散命令）

第百五十五条　農林水産大臣は、広域漁業調整委員会が議決を怠り、又はその議決が法令に違反し、若しくは著しく不当であると認めて水産政策審議会が請求したときは、その解散を命ずることができる。

２　前項の規定による農林水産大臣の解散命令を違法であるとしてその取消しを求める訴えは、当事者がその処分のあつたことを知つた日から一月以内に提起しなければならない。この期間は、不変期間とする。

（準用規定）

第百五十六条　第百三十七条第二項から第六項まで、第百四十一条、第百四十三条から第百四十六条まで及び第百五十条の規定は、広域漁業調整委員会に準用する。この場合において、第百三十七条第二項ただし書、第四項及び第五項、第百四十一条並びに第百四十四条第一項中「都道府県知事」とあるのは「農林水産大臣」と、第百三十七条第二項中「委員の」とあるのは「太平洋広域漁業調整委員会にあつては第百五十三条第二項第三号の委員、日本海・九州西広域漁業調整委員会にあつては同条第三項第三号の委員、瀬戸内海広域漁業調整委員会にあつては同条第四項第二号の委員の」と、第百四十四条第一項中「委員が」とあるのは「第百五十三条第二項第二号及び第三号、同条第三項第二号及び第三号並びに同条第四項第二号の委員が」と、「議会の同意を得て、これを」とあるのは「これを」と、第百五十条中「第百四十八条第二項の規定により選出された」とあるのは「第百五十三条第二項第一号、同条第三項第一号又は同条第四項第一号の規定により互選した者をもつて充てられた」と読み替えるものとする。

第五節　雑則

（報告徴収等）

第百五十七条　漁業調整委員会又は水産政策審議会は、この法律の規定によりその権限に属させられた事項を処理するために必要があると認めるときは、漁業者、漁業従事者その他関係者に対しその出頭を求め、若しくは必要な報告を徴し、又は委員若しくは委員会若しくは審議会の事務に従事する者をして漁場、船舶、事業場若しくは事務所について所要の調査をさせることができる。

2　漁業調整委員会又は水産政策審議会は、この法律の規定によりその権限に属させられた事項を処理するために必要があると認めるときは、その委員又は委員会若しくは審議会の事務に従事する者をして他人の土地に立ち入つて、測量し、検査し、又は測量若しくは検査の障害になる物を移転し、若しくは除去させることができる。

（広域漁業調整委員会等に対する農林水産大臣の監督）

第百五十八条　農林水産大臣は、広域漁業調整委員会及び水産政策審議会に対し、監督上必要な命令又は処分をすることができる。

（漁業調整委員会の費用）

第百五十九条　国は、漁業調整委員会（広域漁業調整委員会を除く。次項において同じ。）に関する費用の財源に充てるため、都道府県に対し、交付金を交付する。

2　農林水産大臣は、前項の規定による都道府県への交付金の交付については、各都道府県の海区の数、海面において漁業を営む者の数及び海岸線の長さを基礎とし、海面の利用の状況その他の各都道府県における漁業調整委員会の運営に関する特別の事情を考慮して政令で定める基準に従つて決定しなければならない。

（委任規定）

第百六十条　この章に規定するもののほか、漁業調整委員会に関して必要な事項は、政令で定める。

第七章　土地及び土地の定着物の使用

（土地の使用及び立入り等）

第百六十一条　漁業者、漁業協同組合又は漁業協同組合連合会は、次に掲げる目的のために必要があるときは、都道府県知事の許可を受けて、他人の土地を使用し、又は立木竹若しくは土石の除去を制限することができる。この場合において、都道府県知事は、当該土地、立木竹又は土石につき所有権その他の権利を有する者にその旨を通知し、かつ、公告するものとする。

一　漁場の標識の建設
二　魚見若しくは漁業に関する信号又はこれに必要な設備の建設
三　漁業に必要な目標の保存又は建設

第百六十二条　漁業者は、必要があるときは、都道府県知事の許可を受けて、特別の用途のない他人の土地に立ち入つて漁業を営むことができる。

第百六十三条　漁業に関する測量、実地調査又は前二条の目的のために必要があるときは、都道府県知事の許可を受けて、他人の土地に立ち入り、又は支障となる木竹を伐採し、その他障害物を除去することができる。

第百六十四条　前三条の行為をする者は、あらかじめその旨を土地の所有者又は占有者に通知し、かつ、これによつて生じた損失を補償しなければならない。

2　前項の場合には、第百七十七条第二項、第十一項及び第十二項の規定を準用する。この場合において、同条第二項中「前項」とあるのは「第百六十四条第一項」と、「同項各号に規定する処分又は」とあるのは「第百六十一条から第百六十三条までの」と、同条第十一項中「第一項第二号又は第三号」とあるのは「第百六十一条から第百六十三条まで」と、「国」とあるのは「第百六十一条から第百六十三条までの行為をする者」と読み替えるものとする。

（土地及び土地の定着物の使用）

第百六十五条　漁業者、漁業協同組合又は漁業協同組合連合会は、土地又は土地の定着物が海草乾場、船揚場、漁舎その他漁業上の施設として利用することが必要かつ適当であつて他のものをもつて代えることが著しく困難であるときは、都道府県知事の認可を受けて、当該土地又は当該定着物の所有者その他これに関して権利を有する者に対し、これを使用する権利（次条において「使用権」という。）の設定に関する協議を求めることができる。

2　前項の認可の申請があつたときは、都道府県知事は、同項の土地又は土地の定着物の所有者その他これに関して権利を有する者、同項の認可を受けようとする者及び海区漁業調整委員会の意見を聴かなけれぱならない。

3　都道府県知事は、第一項の認可をしたときは、その旨を土地又は土地の定着物の所有者その他これに関して権利を有する者に通知しなければならない。

4　前項の通知を受けた後は、土地又は土地の定着物の所有者その他これに関して権利を有する者は、第一項の協議が調うまでは、使用の目的たる漁業に支障を及ぼすおそれがない場合を除き、都道府県知事の許可を受けなければ、当該土地の形質を変更し、又は当該定着物を損壊し、若しくは収去することができない。ただし、その協議が調わない場合において、次条第一項ただし書の期間内に同項の裁定の申請がないときは、この限りでない。

5　前項の許可の申請があつたときは、都道府県知事は、海区漁業調整委員会の意見を聴かなければならない。

（使用権設定の裁定）

第百六十六条　前条第一項の場合において、協議が調わず、又は協議をすることができないときは、同項の認可を受けた者は、使用権の設定に関する海区漁業調整委員会の裁定を申請することができる。ただし、同項の認可を受けた日から二月を経過したときは、この限りでない。

2　前項の規定による裁定の申請があつたときは、海区漁業調整委員会は、当該申請に係る土地又は土地の定着物の所有者その他これに関して権利を有する者にその旨を通知し、かつ、これを公示しなければならない。

3　第一項の規定による裁定の申請に係る土地又は土地の定着物の所有者その他これに関して権利を有する者は、前項の公示の日から二週間以内に海区漁業調整委員会に意見書を差し出すことができる。

4　裁定の申請に係る土地又は土地の定着物の所有者は、前項の意見書において、海区漁業調整委員会に対し、当該土地若しくは当該定着物の使用が三年以上にわたり、又は当該土地若しくは当該定着物の形質の変更を来すような使用権の設定をすべき旨の裁定をしようとする場合には、これに代えて、当該土地又は当該定着物を買い取るべき旨の裁定をすべきことを申請することができる。

5　裁定の申請に係る土地の上に定着物を有する者は、第三項の意見書において、海区漁業調整委員会に対し、使用権を設定すべき旨の裁定をしようとする場合には当該工作物の移転料に関する裁定をすべきことを申請することができる。ただし、当該工作物が前条第三項の通知があつた後に設置されたものであるときは、この限りでない。

6　海区漁業調整委員会は、第三項の期間を経過した後に審議を開始しなければならない。

7　裁定は、その申請の範囲を超えることができない。

8　海区漁業調整委員会は、土地若しくは土地の定着物の使用が三年以上にわたり、又は土地若しくは土地の定着物の形質の変更を来すような使用権の設定をすべき旨の裁定をしようとする場合において第四項の申請があつたときは、これに代えて、当該土地又は当該定着物を買い取るべき旨の裁定をしなければならない。

9　海区漁業調整委員会は、使用権を設定すべき旨の裁定をしようとする場合において第五項の申請があつたときは、当該工作物の移転料に関する裁定をしなければならない。

10　使用権を設定すべき旨の裁定又は買い取るべき旨の裁定においては、次に掲げる事項を定めなければならない。

一　使用権を設定すべき土地若しくは土地の定着物並びに設定すべき使用権の内容及び存続期間又は買い取るべき土地若しくは土地の定着物

二　対価並びにその支払の方法及び時期

三　土地又は土地の定着物の引渡しの時期

四　使用開始の時期

五　第五項の申請があつた場合においては移転料並びにその支払方法及び時期

11　海区漁業調整委員会は、裁定をしたときは、遅滞なく、その旨を当該土地又は当該定着物の所有者その他これに関して権利を有する者に通知し、かつ、これを公示しなければならない。

12　前項の公示があつたときは、裁定の定めるところにより当事者間に協議が調つたものとみなす。

13　民法第六百十二条の規定は、前項の場合には適用しない。

14　第一項若しくは第四項の裁定において定める使用権の設定若しくは買取りの対価又は第五項の裁定において定める移転料の額に不服がある者は、第十一項の公示の日から六月以内に訴えをもつてその増減を請求することができる。

15　前項の訴えにおいては、申請者又は当該土地若しくは当該定着物の所有者その他これに関して権利を有する者を被告とする。

（土地及び土地の定着物の貸付契約に関する裁定）

第百六十七条　漁業者、漁業協同組合又は漁業協同組合連合会が第百六十五条第一項の土地又は土地の定着物を漁業に使用するため貸付けを受けている場合において経済事情の変動その他事情の変更によりその契約の内容が適正でなくなつたと認めるときは、当事者は、海区漁業調整委員会に対して、当該貸付契約の内容の変更又は解除に関する裁定を申請することができる。

2　前項の申請があつた場合には、前条第二項、第三項、第六項及び第七項の規定を準用する。

3　第一項の裁定においては、次に掲げる事項を定めなければならない。

一　変更に関する裁定の申請の場合にあつては、変更するかどうか、変更する場合はその内容及び変更の時期

二　解除に関する裁定の申請の場合にあつては、解除するかどうか、解除する場合は解除の時期

4　前項の裁定があつた場合には、前条第十一項、第十二項、第十四項及び第十五項の規定を準用する。

第八章　内水面漁業

（内水面における第五種共同漁業の免許）

第百六十八条　内水面における第五種共同漁業（第六十条第五項第五号に掲げる第五種共同漁業をいう。次条第一項及び第百七十条第一項において同じ。）は、当該内水面が水産動植物の増殖に適しており、かつ、当該漁業の免許を受けた者が当該内水面において水産動植物の増殖をする場合でなければ、免許し

てはならない。

第百六十九条　都道府県知事は、内水面における第五種共同漁業の免許を受けた者が当該内水面における水産動植物の増殖を怠つていると認めるときは、内水面漁場管理委員会（第百七十一条第一項ただし書の規定により内水面漁場管理委員会を置かない都道府県にあつては、同条第四項ただし書の規定により当該都道府県の知事が指定する海区漁業調整委員会。次条第四項及び第六項において同じ。）の意見を聴いて増殖計画を定め、その者に対し当該計画に従つて水産動植物を増殖すべきことを命ずることができる。

2　前項の規定による命令を受けた者がその命令に従わないときは、都道府県知事は、当該漁業権を取り消さなければならない。

3　前項の場合には、第八十九条第三項から第七項までの規定を準用する。

4　農林水産大臣は、内水面における水産動植物の増殖のため特に必要があると認めるときは、都道府県知事に対し、第一項の規定による命令をすべきことを指示し、又は当該命令に係る増殖計画を変更すべきことを指示することができる。

（遊漁規則）

第百七十条　内水面における第五種共同漁業の免許を受けた者は、当該漁場の区域においてその組合員（漁業協同組合連合会にあつては、その会員たる漁業協同組合の組合員）以外の者のする水産動植物の採捕（次項及び第五項において「遊漁」という。）について制限をしようとするときは、遊漁規則を定め、都道府県知事の認可を受けなければならない。

2　前項の遊漁規則（以下この条において単に「遊漁規則」という。）には、次に掲げる事項を規定するものとする。

一　遊漁についての制限の範囲

二　遊漁料の額及びその納付の方法

三　遊漁承認証に関する事項

四　遊漁に際し守るべき事項

五　その他農林水産省令で定める事項

3　遊漁規則を変更しようとするときは、都道府県知事の認可を受けなければならない。

4　第一項又は前項の認可の申請があつたときは、都道府県知事は、内水面漁場管理委員会の意見を聴かなければならない。

5　都道府県知事は、遊漁規則の内容が次の各号のいずれにも該当するときは、認可をしなければならない。

一　遊漁を不当に制限するものでないこと。

二　遊漁料の額が当該漁業権に係る水産動植物の増殖及び漁場の管理に要する費用の額に比して妥当なものであること。

6　都道府県知事は、遊漁規則が前項各号のいずれかに該当しなくなつたと認めるときは、内水面漁場管理委員会の意見を聴いて、その変更を命ずることができる。

7　都道府県知事は、第一項又は第三項の認可をしたときは、漁業権者の名称その他の農林水産省令で定める事項を公示しなければならない。

8　遊漁規則は、都道府県知事の認可を受けなければ、その効力を生じない。その変更についても、同様とする。

（内水面漁場管理委員会）

第百七十一条　都道府県に内水面漁場管理委員会を置く。ただし、その区域内に存する内水面における水産動植物の採捕、養殖及び増殖の規模が著しく小さい都道府県（海区漁業調整委員会を置くものに限る。）で政令で定めるものにあつては、都道府県知事は、当該都道府県に内水面漁場管理委員会を置かないことができる。

2　内水面漁場管理委員会は、都道府県知事の監督に属する。

3　内水面漁場管理委員会は、当該都道府県の区域内に存する内水面における水産動植物の採捕、養殖及び増殖に関する事項を処理する。

4　この法律の規定による海区漁業調整委員会の権限は、内水面における漁業に関しては、内水面漁場管理委員会が行う。ただし、第一項ただし書の規定により内水面漁場管理委員会を置かない都道府県にあつては、当該都道府県の知事が指定する海区漁業調整委員会が行う。

（構成）

第百七十二条　内水面漁場管理委員会は、委員をもつて組織する。

2　委員は、当該都道府県の区域内に存する内水面において漁業を営む者を代表すると認められる者、当該内水面において水産動植物の採捕、養殖又は増殖をする者（漁業を営む者を除く。）を代表すると認められる者及び学識経験がある者の中から都道府県知事が選任した者をもつて充てる。

3　前項の規定により選任される委員の定数は、十人とする。ただし、農林水産大臣は、必要があると認めるときは、特定の内水面漁場管理委員会について別段の定数を定めることができる。

（準用規定）

第百七十三条　第百三十七条第二項から第六項まで、第百三十八条第四項、第百四十条から第百四十六条まで、第百五十七条、第百五十九条及び第百六十条の規定は、内水面漁場管理委員会に準用する。この場合において、第百四十四条第一項中「議会の同意を得て、これを」とあるのは「これを」と、第百五十九条第二項中「各都道府県の海区の数、海面において漁業を営む者の数及び海岸線の長さを基礎とし、海面」とあるのは「政令で定めるところにより算出される額を均等に交付するほか、各都道府県の内水面組合（水産業協同組合法第十八条第二項の内水面組合をいう。）の組合員の数及び河川の延長を基礎とし、内水面」と読み替えるものとする。

第九章　雑則

（運用上の配慮）

第百七十四条　国及び都道府県は、この法律の運用に当たつては、漁業及び漁村が、海面及び内水面における環境の保全、海上における不審な行動の抑止その他の多面にわたる機能を有していることに鑑み、当該機能が将来にわたつて適切かつ十分に発揮されるよう、漁業者及び漁業協同組合その他漁業者団体の漁業に関する活動が健全に行われ、並びに漁村が活性化するように十分配慮するものとする。

（漁業手数料）

第百七十五条　この法律又はこの法律に基づく命令の規定により、農林水産大臣に対して漁業に関して申請をする者は、農林水産省令の定めるところにより、手数料を納めなければならない。

2　前項の手数料の額は、実費を勘案して農林水産省令で定める。

（報告徴収等）

第百七十六条　農林水産大臣又は都道府県知事は、この法律又はこの法律に基づく命令に規定する事項を処理するために必要があると認めるときは、漁業に関して必要な報告を徴し、又は当該職員をして漁場、船舶、事業場若しくは事務所に臨んでその状況若しくは帳簿書類その他の物件を検査させることができる。

2　農林水産大臣又は都道府県知事は、この法律又はこの法律に基づく命令に規定する事項を処理するために必要があると認めるときは、当該職員をして他人の土地に立ち入つて、測量し、検査し、又は測量若しくは検査の障害となる物を移転し、若しくは除去させることができる。

3　前二項の規定により当該職員がその職務を行う場合には、その身分を証明する証票を携帯し、要求があるときはこれを提示しなければならない。

（損失の補償）

第百七十七条　国は、次の各号に掲げる場合には、それぞれ当該各号に規定する処分又は行為によつて生じた損失をそれぞれ当該各号に定める者に補償しなければならない。

一　農林水産大臣が第五十五条第一項の規定により第三十六条第一項の許可又は第三十八条の起業の認可を変更し、取り消し、又はその効力の停止を命じた場合　これらの処分を受けた者

二　広域漁業調整委員会又は水産政策審議会が第百五十七条第二項の規定によりその委員又は委員会若しくは審議会の事務に従事する者をして他人の土地に立ち入つて、測量し、検査し、又は測量若しくは検査の障害になる物を移転し、若しくは除去させた場合　当該土地の所有者又は占有者

三　農林水産大臣が前条第二項の規定により当該

職員をして他人の土地に立ち入つて、測量し、検査し、又は測量若しくは検査の障害になる物を移転し、若しくは除去させた場合　当該土地の所有者又は占有者

2　前項の規定により補償すべき損失は、同項各号に規定する処分又は行為によつて通常生ずべき損失とする。

3　第一項の規定により補償すべき金額は、農林水産大臣が決定する。この場合において、農林水産大臣は、同項第二号に規定する行為に係る補償にあつては、当該行為をさせた広域漁業調整委員会又は水産政策審議会の意見を聴かなければならない。

4　前項の金額に不服がある者は、その決定の通知を受けた日から六月以内に、訴えをもつてその増額を請求することができる。

5　前項の訴えにおいては、国を被告とする。

6　第一項第一号に規定する処分によつて利益を受ける者があるときは、国は、その者に対し、同項の規定により補償すべき金額の全部又は一部を負担させ

ることができる。

7　前項の場合には、第三項前段、第四項及び第五項の規定を準用する。この場合において、第四項中「増額」とあるのは、「減額」と読み替えるものとする。

8　第六項の規定により負担させる金額は、国税滞納処分の例によつて徴収することができる。ただし、先取特権の順位は、国税及び地方税に次ぐものとする。

9　農林水産大臣は、第六項の規定による処分をしようとするときは、行政手続法第十三条第一項の規定による意見陳述のための手続の区分にかかわらず、聴聞を行わなければならない。

10　第六項の規定による処分に係る聴聞の期日における審理は、公開により行わなければならない。

11　第一項第二号又は第三号の土地について先取特権又は抵当権があるときは、国は、当該先取特権又は抵当権を有する者から供託をしなくてもよい旨の申出がある場合を除き、その補償金を供託しなければならない。

12　前項の先取特権又は抵当権を有する者は、同項の規定により供託した補償金に対してその権利を行うことができる。

13　都道府県は、次の各号に掲げる場合には、それぞれ当該各号に規定する処分又は行為によつて生じた損失をそれぞれ当該各号に定める者に補償しなければならない。

一　都道府県知事が第八十八条第四項（同条第五項において準用する場合を含む。）において準用する第九十三条第一項の規定により第八十八条第一項（同条第五項において準用する場合を含む。）の許可を変更し、取り消し、又はその効力の停止を命じた場合　これらの処分を受けた者

二　都道府県知事が第九十三条第一項の規定により漁業権を変更し、取り消し、又はその行使の停止を命じた場合　これらの処分を受けた者

三　海区漁業調整委員会若しくは連合海区漁業調整委員会又は内水面漁場管理委員会が第百五十七条第二項（第百七十三条において準用する場合を含む。）の規定によりその委員又は委員会の事務に従事する者をして他人の土地に立ち入つて、測量し、

検査し、又は測量若しくは検査の障害になる物を移転し、若しくは除去させた場合　当該土地の所有者又は占有者

四　都道府県知事が前条第二項の規定により当該職員をして他人の土地に立ち入つて、測量し、検査し、又は測量若しくは検査の障害になる物を移転し、若しくは除去させた場合　当該土地の所有者又は占有者

14　第二項から第八項まで、第十一項及び第十二項の規定は、前項の規定により都道府県が損失を補償しなければならない場合について準用する。この場合において、第二項中「前項」とあり、及び第三項中「第一項」とあるのは「第十三項」と、同項中「農林水産大臣」とあるのは「都道府県知事」と、「同項第二号」とあるのは「同項第一号及び第二号に規定する処分に係る補償にあつては海区漁業調整委員会の意見を、同項第三号」と、「広域漁業調整委員会又は水産政策審議会の意見を」とあるのは「海区漁業調整委員会若しくは連合海区漁業調整委員会又は内水面漁場管理委員会の意見を、それぞれ」と、第五項中「国」とあるのは「都道府県」と、第六項中「第一項第一号」とあるのは「第十三項第一号又は第二号」と、「国」とあるのは「都道府県」と、第七項中「第五項」とあ

るのは「第五項並びに第八十九条第三項から第七項まで」と、第八項中「国税滞納処分」とあるのは「地方税の滞納処分」と、第十一項中「第一項第二号又は第三号」とあるのは「第十三項第二号の漁業権（第九十三条第一項の規定により取り消されたものに限る。）又は第十三項第三号若しくは第四号」と、「国」とあるのは「都道府県」と、同項及び第十二項中「有する者」とあるのは「有する者（漁業権にあつては、登録先取特権者等に限る。）」と読み替えるものとするほか、必要な技術的読替えは、政令で定める。

（漁業者等に関する情報の利用等）

第百七十八条　農林水産大臣及び都道府県知事は、その所掌事務の遂行に必要な限度で、その保有する漁業者又は漁獲物若しくはその製品に関する情報を、その保有に当たつて特定された利用の目的以外の目的のために内部で利用し、又は相互に提供することができる。

2　農林水産大臣及び都道府県知事は、その所掌事務の遂行に必要な限度で、関係する国の行政機関、地方公共団体その他の者に対して、漁業者又は漁獲物若しくはその製品に関する情報の提供を求めることができる。

（下線部：令和6年6月26日法律第66号、施行日：令和8年4月1日）

（行政手続法の適用除外）

第百七十九条　第二十七条及び第三十四条の規定、第八十六条第一項（免許後に条件を付ける場合に限る。）、第八十九条第一項、第九十二条第一項及び第二項並びに第九十三条第一項の規定（これらの規定を第八十八条第四項（同条第五項において準用する場合を含む。）において準用する場合を含む。）並びに第百十六条第二項及び第三項、第百三十一条第一項（第二十五条第一項の規定に違反する行為に係るものに限る。）、第百六十九条第二項並びに第百七十七条第十四項において準用する同条第六項の規定による処分については、行政手続法第三章（第十二条及び第十四条を除く。）の規定は、適用しない。

2　第二十条第一項に規定する管理及び第百十七条第一項に規定する登録に関する処分については、行政手続法第二章及び第三章の規定は、適用しない。

（下線部：令和6年6月26日法律第66号、施行日：令和8年4月1日）

（行政不服審査法の適用の特例）

第<u>百八十</u>条　第百二十条第十一項（第百二十一条第四項において準用する場合を含む。）の規定による命令についての審査請求に関する行政不服審査法（平成二十六年法律第六十八号）第四十三条第一項の規定の適用については、当該条件の付加又は命令は、同項第一号に規定する議を経て行われたものとみなす。

（下線部:令和6年6月26日法律第66号、施行日:令和8年4月1日）

（審査請求の制限）

第<u>百八十一</u>条　漁業調整委員会又は内水面漁場管理委員会の処分又はその不作為については、審査請求をすることができない。

（下線部:令和6年6月26日法律第66号、施行日:令和8年4月1日）

（抗告訴訟の取扱い）

第<u>百八十二</u>条　漁業調整委員会（広域漁業調整委員会を除く。）又は内水面漁場管理委員会は、その処分（行政事件訴訟法（昭和三十七年法律第百三十九号）第三条第二項に規定する処分をいう。）又は裁決（同条第三項に規定する裁決をいう。）に係る同法第十一条第一項（同法第三十八条第一項において準用する場合を含む。）の規定による都道府県を被告とする訴訟について、当該都道府県を代表する。

（下線部：令和6年6月26日法律第66号、施行日：令和8年4月1日）

（都道府県が処理する事務）

第<u>百八十四</u>条　第五章並びに第百七十六条第一項及び第二項に規定する農林水産大臣の権限に属する事務の一部は、政令で定めるところにより、都道府県知事が行うこととすることができる。

（下線部：令和6年6月26日法律第66号、施行日：令和8年4月1日）

（管轄の特例）

第<u>百八十四</u>条　漁場が二以上の都道府県知事の管轄に属し、又は漁場の管轄が明確でないときは、政令で定めるところにより、農林水産大臣は、これを管轄する都道府県知事を指定し、又は自ら都道府県知事の権限を行うことができる。

2　都道府県知事の管轄に属する漁場（政令で定める要件に該当するものに限る。）において新たに漁業権を設定するため特に必要があると認める場合であつて、農林水産大臣が都道府県知事の権限を行うことにつき当該都道府県知事が同意したときは、政令で定めるところにより、農林水産大臣は、自ら当該都道府県知事の権限を行うことができる。

（下線部：令和6年6月26日法律第66号、施行日：令和8年4月1日）

第百八十五条　この法律中市町村に関する規定は、特別区のある地にあつては特別区に、地方自治法第二百五十二条の十九第一項の指定都市にあつては区及び総合区に適用する。

（公示の方法）

第百八十六条　この法律の規定による公示は、インターネットの利用その他の適切な方法により行うものとする。

2　前項の公示に関し必要な事項は、農林水産省令で定める。

（提出書類の経由機関）

第百八十七条　この法律又はこの法律に基づく命令の規定により農林水産大臣に提出する申請書その他

の書類は、農林水産省令で定めるところにより、都道府県知事を経由して提出しなければならない。ただし、農林水産省令で定める書類については、都道府県知事を経由せずに農林水産大臣に提出することができる。

（事務の区分）

第百八十八条　この法律の規定により都道府県が処理することとされている事務のうち、次に掲げるものは、地方自治法第二条第九項第一号に規定する第一号法定受託事務とする。

一　第二章（第十条、第十五条第四項（同条第六項において準用する場合を含む。）及び第三十五条を除く。）並びに第五十七条第一項及び第四項から第六項までの規定、第五十八条において準用する第三十八条、第三十九条、第四十条第二項、第四十一条第一項第五号及び第二項、第四十二条（第二項ただし書及び第三項ただし書を除く。）、第四十三条、第四十四条第一項から第三項まで、第四十五条（第二号及び第三号に係る部分に限る。）、第四十六条、第四十七条、第四十九条第二項、第五十条、第五十一条第一項、第五十二条、第五十四条第一項から第三項まで並びに第五十六条の規定並びに第百十九条第一項、第二項、第七項及び第八項、第百二十四条第一項、第百二十五条第一項、第百二十六条第一項から第三項まで並びに第百二十七条の規定により都道府県が処理することとされている事務

二　第百二十条第三項、第四項、第八項、第九項及び第十一項の規定、同条第十二項において準用する第八十六条第三項の規定、第百二十二条、第百三十一条第一項及び第二項、第百七十六条第一項及び第二項並びに第百七十七条第十三項（第四号に係る部分に限る。）の規定、同条第十四項において準用する同条第三項及び第十一項（これらの規定のうち同条第十三項（同号に係る部分に限る。）に係る部分に限る。）の規定並びに前条の規定により都道府県が処理することとされている事務（大臣許可漁業、知事許可漁業、第百十九条第一項の規定若しくは同条第二項の農林水産省令の規定により農林水産大臣の許可その他の処分を要する漁業又は同条第一項の規定若しくは同条第二項の規則の規定により都道府県知事の許可その他の処分を要する漁業に関するものに限る。）

（経過措置）

第<u>百八十九</u>条　この法律の規定に基づき政令、農林

水産省令、条例又は規則を制定し、又は改廃する場合においては、その政令、農林水産省令、条例又は規則で、その制定又は改廃に伴い合理的に必要と判断される範囲内において、所要の経過措置（罰則に関する経過措置を含む。）を定めることができる。

（下線部：令和6年6月26日法律第66号、施行日：令和8年4月1日）

第十章　罰則

第百九十条　次の各号のいずれかに該当する場合には、当該違反行為をした者は、三年以下の懲役又は三千万円以下の罰金に処する。

一　第百三十二条第一項の規定に違反して特定水産動植物を採捕したとき。

二　前号の犯罪に係る特定水産動植物又はその製品を、情を知つて運搬し、保管し、有償若しくは無償で取得し、又は処分の媒介若しくはあつせんをしたとき。

（下線部：令和6年6月26日法律第66号、施行日：令和8年4月1日）

第百九十一条　次の各号のいずれかに該当する場合には、当該違反行為をした者は、三年以下の拘禁刑又は三百万円以下の罰金に処する。

一　第二十五条の規定に違反して特定水産資源を採捕したとき。

二　第二十七条、第三十三条、第三十四条又は第百三十一条第一項の規定による命令に違反したとき。

三　第三十六条第一項又は第五十七条第一項の規定に違反して大臣許可漁業又は知事許可漁業を営んだとき。

四　第四十七条（第五十八条において準用する場合を含む。）の許可を受けずに、第四十二条第一項（第五十八条において読み替えて準用する場合を含む。以下この号において同じ。）の農林水産省令又は規則で定める事項について、同項の規定により定められた制限措置と異なる内容により、大臣許可漁業又は知事許可漁業を営んだとき。

五　大臣許可漁業の許可、漁業権又は第八十八条第一項（同条第五項において準用する場合を含む。）の規定による漁業の許可に付けた条件に違反して漁業を営んだとき。

六　大臣許可漁業、知事許可漁業若しくは第八十八条第一項（同条第五項において準用する場合を含む。）の規定により許可を受けた漁業の停止中その漁業を営み、第六十条第二項に規定する定置漁業権若しくは区画漁業権の行使の停止中その漁業を営み、又は同項に規定する共同漁業権の行使の停止中その漁場において行使を停止した漁業を営んだとき。

七　第六十八条の規定に違反して定置漁業又は区画漁業を営んだとき。

八　第百十九条第一項の規定による禁止に違反して漁業を営み、又は同項の規定による許可を受けないで漁業を営んだとき。

（下線部：令和6年6月26日法律第66号、施行日：令和8年4月1日）

第百九十二条　第二十六条第二項又は第三十条第二項の規定による報告をせず、又は虚偽の報告をしたときは、当該違反行為をした者は、一年以下の拘禁刑又は五十万円以下の罰金に処する。

（下線部：令和6年6月26日法律第66号、施行日：令和8年4月1日）

第百九十三条　第百二十条第十一項（第百二十一条第四項において準用する場合を含む。）の規定による命令に違反したときは、当該違反行為をした者は、一年以下の拘禁刑若しくは五十万円以下の罰金又は拘留若しくは科料に処する。

（下線部：令和6年6月26日法律第66号、施行日：令和8年4月1日）

<u>第百九十四条</u>　<u>第百九十条、第百九十一条又は前条</u>の場合においては、犯人が所有し、又は所持する漁獲物、その製品、漁船又は漁具その他水産動植物の採捕若しくは養殖の用に供される物は、没収することができる。ただし、犯人が所有していたこれらの物件の全部又は一部を没収することができないときは、その価額を追徴することができる。

（下線部：令和6年6月26日法律第66号、施行日：令和8年4月1日）

<u>第百九十五条</u>　次の各号のいずれかに該当する場合には、当該違反行為をした者は、六月以下の拘禁刑又は三十万円以下の罰金に処する。

一　第二十六条第一項又は第三十条第一項の規定による報告をせず、又は虚偽の報告をしたとき。

二　第五十二条第二項（第五十八条において準用する場合を含む。）の規定による命令に違反したとき。

三　第五十二条第三項（第五十八条において準用する場合を含む。）の規定に違反したとき。

四　知事許可漁業の許可に付けた条件に違反して漁業を営んだとき。

五　第八十二条の規定に違反して漁業権を貸付けの目的としたとき。

六　第百二十八条第三項の規定による漁業監督官又は

漁業監督吏員の検査を拒み、妨げ、若しくは忌避し、又はその質問に対し答弁をせず、若しくは虚偽の陳述をしたとき。

七　第百六十五条第四項の規定に違反したとき。

八　第百七十六条第一項の規定による報告を怠り、若しくは虚偽の報告をし、又は当該職員の検査を拒み、妨げ、若しくは忌避したとき。

九 第百七十六条第二項の規定による当該職員の測量、検査、移転又は除去を拒み、妨げ、又は忌避したとき。

（下線部：令和6年6月26日法律第66号、施行日：令和8年4月1日）

第百九十六条　第百九十条から第百九十三条まで又は前条第五号の罪を犯した者には、情状により、拘禁刑及び罰金を併科することができる。

（下線部：令和6年6月26日法律第66号、施行日：令和8年4月1日）

第百九十七条　漁業権又は組合員行使権を侵害したときは、当該違反行為をした者は、百万円以下の罰金に処する。

2　前項の罪は、告訴がなければ公訴を提起することができない。

（下線部：令和6年6月26日法律第66号、施行日：令和8年4月1日）

第百九十八条　第二十六条第二項又は第三十条第二項の規定に違反して、記録を作成せず、若しくは虚偽の記録を作成し、又は記録を保存しなかつたときは、当該違反行為をした者は、五十万円以下の罰金に処する。

（下線部：令和6年6月26日法律第66号、施行日：令和8年4月1日）

第百九十九条　次の各号のいずれかに該当する場合には、当該違反行為をした者は、十万円以下の罰金に処する。

一　第五十条（第五十八条において準用する場合を含む。）の規定に違反したとき。

二　第百二十二条の規定による命令に違反したとき。

２　漁場又は漁具その他水産動植物の採捕若しくは養殖の用に供される物の標識を移転し、汚損し、又は損壊した者は、十万円以下の罰金に処する。

（下線部：令和6年6月26日法律第66号、施行日：令和8年4月1日）

第二百条　法人の代表者又は法人若しくは人の代理人、使用人その他の従業者が、その法人又は人の業務又は財産に関して、次の各号に掲げる規定の違反行為をしたときは、行為者を罰するほか、その法人に対して当該各号に定める罰金刑を、その人に対して各本条の罰金刑を科する。

一　第百九十一条第一号（特別管理特定水産資源に係る部分に限る。）若しくは第二号（特別管理特定水産資源に関してされた第二十七条、第三十三条又は第三十四条の規定による命令に係る部分に限る。）又は第百九十二条　一億円以下の罰金刑

二　第百九十条、第百九十一条（前号に掲げる規定に係る部分を除く。）、第百九十三条、第百九十五条、第百九十七条第一項、第百九十八条又は前条第一項　各本条の罰金刑

（下線部：令和6年6月26日法律第66号、施行日：令和8年4月1日）

第二百一条　第二十一条第四項、第二十二条第四項、第四十八条第二項、第四十九条第二項（第五十八条において準用する場合を含む。）又は第八十条第一項の規定による届出を怠つた者は、十万円以下の過料に処する。

（下線部：令和6年6月26日法律第66号、施行日：令和8年4月1日）

附　則

1　　この法律施行の期日は、その公布の日から起算

して三箇月をこえない期間内において、政令で定める。

2　漁業法（明治四十三年法律第五十八号）は、廃止する。

3　排他的経済水域における漁業等に関する主権的権利の行使等に関する法律（平成八年法律第七十六号）附則第二条の規定に基づく政令で指定する外国人に対し、同条の規定に基づく政令で指定する海域において特定水産資源の漁獲量の管理のための措置が行われていない場合は、農林水産省令で、その特定水産資源を指定して第二十五条及び第三十三条の規定を適用しないこととすることができる。

附　則（昭和三三・四・三〇法一〇六）

この法律は、昭和三十三年七月一日から施行する。

附　則（昭和三四・四・二〇法一四八）抄

（施行期日）

1　この法律は、国税徴収法（昭和三十四年法律第百四十七号）の施行の日〔昭和三五年一月一日〕から施行する。

附　則（昭和三五・六・三〇法一一三）抄

第四条　この法律の施行前にした行為に対する罰則の適用については、なお従前の例による。

附　則（昭和三六・六・一三法一二八）抄

1　この法律は、公布の日から起算して十日を経過した日〔昭和三六年六月二三日〕から施行する。

附　則（昭和三六・一一・二〇法二三五）抄

1　この法律は、公布の日から施行する。

附　則（昭和三七・五・一〇法一一二）抄

（施行期日及び適用区分）

第一条　この法律は、公布の日から施行する。

2　〔省略〕

3　〔省略〕

4　〔省略〕

5　この法律による改正後の〔中略〕漁業法（昭和二十四年法律第二百六十七号）第九十四条〔中略〕の規定は、この附則に特別の定めがあるものを除くほか、施行日から起算して三月を経過した日から適用する。

附　則（昭和三七・五・一六法一四〇）抄

1　この法律は、昭和三十七年十月一日から施行する。

2　この法律による改正後の規定は、この附則に特別の定めがある場合を除き、この法律の施行前に生じた事項にも適用する。ただし、この法律による改正前の規定によつて生じた効力を妨げない。

3　この法律の施行の際現に係属している訴訟については、当該訴訟を提起することができない旨を定めるこの法律による改正後の規定にかかわらず、なお従前の例による。

4　この法律の施行の際現に係属している訴訟の管轄については、当該管轄を専属管轄とする旨のこの法律による改正後の規定にかかわらず、なお従前の例による。

5　この法律の施行の際現にこの法律による改正前の規定による出訴期間が進行している処分又は裁決に関する訴訟の出訴期間については、なお従前の例による。ただし、この法律による改正後の規定による出訴期間がこの法律による改正前の規定による出訴期間より短い場合に限る。

6　この法律の施行前にされた処分又は裁決に関する当事者訴訟で、この法律による改正により出訴期間が定められることとなつたものについての出訴期間は、この法律の施行の日から起算する。

7　この法律の施行の際現に係属している処分又は裁決の取消しの訴えについては、当該法律関係の当事者の一方を被告とする旨のこの法律による改正後の規定にかかわらず、なお従前の例による。ただし、裁判所は、原告の申立てにより、決定をもつて、当該訴訟を当事者訴訟に変更することを許すことができる。

8　前項ただし書の場合には、行政事件訴訟法第十八条後段及び第二十一条第二項から第五項までの規定を準用する。

附　則（昭和三七・九・一一法一五五）抄

1　この法律は、公布の日から起算して九十日を経過した日から施行する。

附　則（昭和三七・九・一一法一五六）抄

（施行期日）

第一条　この法律は、公布の日から起算して九月をこえない範囲内において政令で定める日から施行する。ただし、第六十七条第三項、第八十二条第二項、第八十五条第三項、第八十八条、第九十二条第二項、第九十八条第一項、第百六条第四項、第百九条、第百十条、第百十一条、第百十三条、第百十六条第三項及び第百十七条の改正規定並びに附則第七条第一項から第六項まで〔中略〕の規定は昭和三十七年十月一日から、附則第七条第七項の規定は公布の日から施行する。

(経過的措置)

第二条　この法律の施行の際現に存する漁業権及びこれについて現に存し又は新たに設定される入漁権については、当該漁業権又は入漁権の存続期間中は、なお従前の例による。

第三条　削除

第四条　改正前の漁業法（以下「旧法」という。）第五十二条第一項の規定により若しくは旧法第六十五条第一項の規定に基づく省令の規定により又は旧法第六十六条の二第一項の規定により主務大臣又は都道府県知事の許可を要する漁業のうち改正後の漁業法（以下「新法」という。）第五十二条第一項の指定漁業となつたもの（以下「切替指定漁業」という。）についてした許可又は起業の認可であつてこの法律の施行の際現に効力を有するものは、それぞれ新法第五十二条第一項又は第五十四条第一項の規定によりしたものとみなす。この場合において、母船式漁業の許可にあつては、この法律の施行の際現にその漁業に使用することについて主務大臣の承認を受けている母船及び独航船等は、母船についてはこれと同一の船団に属する独航船等を、独航船等についてはこれと同一の船団に属する母船をそれぞれ指定してその許可を受けたものとみなす。

2　前項の規定により新法第五十二条第一項の規定によりしたものとみなされる許可の有効期間は、新法第六十条の規定にかかわらず、切替指定漁業ごとに、この法律の施行の日から五年をこえない範囲内において、かつ、その残存期間の最も長い許可の有効期間の満了日以後において政令で定める日に満了するものとする。

3　旧法第六十五条第一項の規定に基づく都道府県規則により都道府県知事がした小型さけ・ます流し網漁業の許可であつてこの法律の施行の際現に効力

を有するものは、その有効期間の満了日までは、新法第六十六条第一項の規定によりしたものとみなす。

第五条　新法第五十八条第一項の規定による公示に関する手続は、この法律の施行の日よりも前に行なうことができる。

第六条　附則第四条に規定するもののほか、旧法又はこれに基づく省令の規定により主務大臣又は都道府県知事のした処分で新法又はこれに基づく省令に相当する規定があるものは、それぞれその相当する規定によつてしたものとみなす。

第七条　昭和三十七年十月一日において現に在任する海区漁業調整委員会の委員（同日において現に欠員となつている委員の補欠の委員として選挙され、又は選任される委員を含む。）の任期については、なお従前の例による。

2　海区漁業調整委員会の選挙による委員及び選任による委員ごとの定数については、前項に規定する委員のうち選挙による委員（補欠の委員を含む。）が在任する間は、なお従前の例による。

3　昭和三十七年八月七日以前に互選され、又は選任された瀬戸内海連合海区漁業調整委員会又は有明海連合海区漁業調整委員会の委員（補欠の委員として同月八日以後に互選され、又は選任された委員を含む。以下この項及び次項において「八月七日以前の互選又は選任委員」という。）であつて同年十月一日において現に在任するもの（八月七日以前の互選又は選任委員が欠けたため同年十月一日において現に欠員となつている委員の補欠の委員として互選され、又は選任される委員を含む。）の任期については、なお従前の例による。

4　次の各号に掲げる瀬戸内海連合海区漁業調整委員会、玄海連合海区漁業調整委員会又は有明海連合海区漁業調整委員会の委員の任期は、新法第百九条第八項の規定にかかわらず、互選による委員にあつてはその互選の日から当該委員を互選した海区漁業調整委員会の委員のうち選挙による委員の任期満了の日までとし、選任による委員にあつては二年とする。

一　昭和三十七年八月八日以後に互選され、又は選任された瀬戸内海連合海区漁業調整委員会又は有明海連合海区漁業調整委員会の委員（以下この号において「八月八日以後の互選又は選任委員」という。）であつて同年十月一日において現に在任するもの（八月八日以後の互選又は選任委員が欠けたため同年十月一日において現に欠員となつている委員の補欠の委員として互選され、又は選任される委員を含む。）（前項に規定する委員を除く。）

二　前項に規定する委員の後任の委員として互選され、又は選任される委員（補欠の委員として互選され、又は選任される委員を除き、八月七日以前の互選又は選任委員の任期満了により昭和三十七年十月一日において現に欠員となつている委員の後任の委員として互選され、又は選任される委員を含む。）

三　瀬戸内海連合海区漁業調整委員会又は有明海連合海区漁業調整委員会の委員であつて新法第百九条の規定の施行による定数の増加に伴い選任されるもの

四　玄海連合海区漁業調整委員会の委員であつて新法第百九条の規定の施行後最初に互選され、又は選任されるもの

5　新法第百九条の規定の施行の際現に在任する瀬

戸内海連合海区漁業調整委員会及び有明海連合海区漁業調整委員会の互選による委員には、同条第十項の規定は、適用しない。

6　前項に規定する委員のうち第四項に規定する委員は、当該委員を互選した海区漁業調整委員会の委員のうち選挙による委員（補欠の委員を含む。）がすべてなくなつたときは、第四項の規定にかかわらず、その時に、その職を失う。

7　中央漁業調整審議会の委員であつて昭和三十七年九月三十日に現に在任するものの任期は、その任期の定めにかかわらず、その日に満了する。

第八条　この法律の施行の際現に第五種共同漁業の免許を受けている者であってその組合員以外の者のする水産動植物の採捕について制限をしているものは、この法律の施行の日から三月以内に新法第百二十九条第一項の遊漁規則を定め、都道府県知事の認可を申請しなければならない。

2　前項の期間内に同項の認可を申請した者については、その認可をする旨又はしない旨の処分があるまでの間は、新法第百二十九条の規定は、適用しない。

第九条　この法律の施行前にした行為に対する罰則の適用については、なお従前の例による。

附　則（昭和三七・九・一五法一六一）抄

1　この法律は、昭和三十七年十月一日から施行する。

2　この法律による改正後の規定は、この附則に特別の定めがある場合を除き、この法律の施行前にされた行政庁の処分、この法律の施行前にされた申請に係る行政庁の不作為その他この法律の施行前に生じた事項についても適用する。ただし、この法律による改正前の規定によつて生じた効力を妨げない。

3　この法律の施行前に提起された訴願、審査の請求、異議の申立てその他の不服申立て（以下「訴願等」という。）については、この法律の施行後も、なお従前の例による。この法律の施行前にされた訴願等の裁決、決定その他の処分（以下「裁決等」という。）又はこの法律の施行前に提起された訴願等につきこの法律の施行後にされる裁決等にさらに不服がある場合の訴願等についても、同様とする。

4　前項に規定する訴願等で、この法律の施行後は行政不服審査法による不服申立てをすることができることとなる処分に係るものは、同法以外の法律の適用については、行政不服審査法による不服申立てとみなす。

5　第三項の規定によりこの法律の施行後にされる審査の請求、異議の申立てその他の不服申立ての裁決等については、行政不服審査法による不服申立てをすることができない。

6　この法律の施行前にされた行政庁の処分で、この法律による改正前の規定により訴願等をすることができるものとされ、かつ、その提起期間が定められていなかつたものについて、行政不服審査法による不服申立てをすることができる期間は、この法律の施行の日から起算する。

8　この法律の施行前にした行為に対する罰則の適用については、なお従前の例による。

9　前八項に定めるもののほか、この法律の施行に関して必要な経過措置は、政令で定める。

10　この法律及び行政事件訴訟法の施行に伴う関係法律の整理等に関する法律（昭和三十七年法律第百四十号）に同一の法律についての改正規定がある場合においては、当該法律は、この法律によつてまず改正され、次いで行政事件訴訟法の施行に伴う関係法律の整理等に関する法律によつて改正されるものとする。

附　則（昭和四一・六・一法七七）抄

（施行期日）

第一条　この法律は、公布の日から起算して八月をこえない範囲内において政令で定める日から施行する。〔昭和四一年政令第一七五号で同年九月三〇日から施行〕ただし、〔中略〕附則第十五条の規定は、公布の日から施行する。

（選挙期日が公示されている選挙等に関する経過措置）

第二条　前条の政令で定める日（以下「施行日」という。）現在において、すでにその期日を公示し又は告示してある選挙については、なお従前の例による。

（罰則に関する経過措置）

第七条　この法律の施行前にした行為及び附則第二条の規定により従前の例により行なわれる選挙に関してした行為に対する罰則の適用については、なお従前の例による。

（公布の日以後最初に調製される船員の選挙人名簿等の調製に関する特例）

第十五条　この法律の公布の日以後最初に調製される船員の選挙人名簿、海区漁業調整委員会選挙人名簿〔中略〕については、政令でこれらの選挙人名簿の調製に関し必要な事項を定めることができるものとする。

（従前の選挙人名簿の効力）

第十六条　昭和四十年九月十五日現在で調製した船員の基本選挙人名簿若しくは海区漁業調整委員会選

挙人名簿〔中略〕は、この法律による改正後の船員の選挙人名簿、海区漁業調整委員会選挙人名簿〔中略〕とみなし、政令で定める日までの間、その効力を有するものとする。

（争訟に関する経過措置）

第十七条　この法律の施行の際、選挙人名簿に関し、現に選挙管理委員会に係属している異議の申出若しくは審査の申立て又は裁判所に係属している訴訟については、なお従前の例による。

附　則（昭和四三・五・二法三九）抄

（施行期日）

第一条　この法律は、昭和四十三年六月一日から施行する。〔後略〕

附　則（昭和四四・五・一六法三〇）抄

（施行期日）

第一条　この法律は、昭和四十四年七月二十日から施行する。

（罰則に関する経過措置）

第六条　この法律の施行前にした行為に対する罰則の適用については、なお従前の例による。

附　則（昭和四六・一二・三一法一三〇）

（施行期日）

1　この法律は、琉球諸島及び大東諸島に関する日本国とアメリカ合衆国との間の協定の効力発生の日〔昭和四七年五月一五日〕から施行する。ただし、〔中略〕次項の規定はこの法律の公布の日から〔中略〕施行する。

（琉球政府行政主席への通知）

2　内閣総理大臣は、この法律の内容を琉球政府行政主席に通知しなければならない。

附　則（昭和五〇・七・一五法六三）抄

（施行期日）

第一条　この法律は、公布の日から起算して三月を超えない範囲内において政令で定める日から施行する。〔後略〕

（適用区分）

第二条　〔前略〕この法律による改正後の漁業法（昭和二十四年法律第二百六十七号）第九十四条第一項〔中略〕の規定は、この法律の施行の日（以下「施行日」という。）以後その選挙の期日を公示され又は告示された選挙について適用し、施行日の前日までにその選挙の期日を公示され又は告示された選挙については、なお従前の例による。

2　〔省略〕

（罰則に関する経過措置）

第四条　施行日前にした行為及び附則第二条第一項の規定により従前の例によることとされる事項に係る施行日以後にした行為に対する罰則の適用については、なお従前の例による。

附　則（昭和五三・四・二四法二七）抄

（施行期日）

1　この法律は、公布の日から施行する。〔後略〕

附　則（昭和五三・七・五法八七）抄

（施行期日）

第一条　この法律は、公布の日から施行する。〔後略〕

附　則（昭和五四・三・三〇法五）抄

（施行期日）

1　この法律は、民事執行法（昭和五十四年法律第四号）の施行の日（昭和五十五年十月一日）から施行する。

（経過措置）

2　この法律の施行前に申し立てられた民事執行、企業担保権の実行及び破産の事件については、なお従前の例による。

3　前項の事件に関し執行官が受ける手数料及び支払又は償還を受ける費用の額については、同項の規定にかかわらず、最高裁判所規則の定めるところによる。

附　則（昭和五六・四・七法二〇）抄

（施行期日）

第一条　この法律は、公布の日から起算して三月を超えない範囲内において政令で定める日から施行する。〔昭和五六年政令第一二二号で同年五月一八日から施行〕

附　則（昭和五六・五・一九法四五）抄

（施行期日）

1　この法律は、公布の日から施行する。〔後略〕

附　則（昭和五七・八・二四法八一）抄

（施行期日等）

第一条　この法律は、公布の日から施行する。

２・３　〔省略〕

（適用区分等）

第十二条　この法律による改正後の〔中略〕漁業法第九十四条第一項〔中略〕の規定は、この法律の施行の日後に行われる投票又は同日後その期日を告示される選挙について適用し、同日までに行われた投票又は同日までにその期日を告示された選挙については、なお従前の例による。

（罰則に関する経過措置）

第十四条　この法律の施行前にした行為及び附則第十二条においてなお従前の例によることとされる場合におけるこの法律の施行後にした行為に対する罰則の適用については、なお従前の例による。

附　則（昭和五八・六・一一法六二）

この法律は、公布の日から起算して二十日を経過した日から施行する。

附　則（昭和五九・五・一法二三）抄

（施行期日）

1　この法律は、公布の日から起算して二十日を経過した日から施行する。〔後略〕

附　則（昭和六〇・五・一八法三七）抄

（施行期日等）

1　この法律は、公布の日から施行する。

2　この法律による改正後の法律の規定（昭和六十年度の特例に係る規定を除く。）は、同年度以降の年度の予算に係る国の負担（当該国の負担に係る都道府県又は市町村の負担を含む。以下この項及び次項において同じ。）若しくは補助（昭和五十九年度以前の年度における事務又は事業の実施により昭和六十年度以降の年度に支出される国の負担又は補助及び昭和五十九年度以前の年度の国庫債務負担行為に基づき昭和六十年度以降の年度に支出すべきものとされた国の負担又は補助を除く。）又は交付金の交付について適用し、昭和五十九年度以前の年度における事務又は事業の実施により昭和六十年度以降の年度に支出される国の負担又は補助、昭和五十九年度以前の年度の国庫債務負担行為に基づき昭和六十年度以降の年度に支出すべきものとされた国の負担又は補助及び昭和五十九年度以前の年度の歳出予算に係る国の負担又は補助で昭和六十年度以降の年度に繰り越されたものについては、なお従前の例による。

附　則（昭和六三・一二・一三法九四）抄

（施行期日）

1　この法律は、公布の日から起算して六月を超えない範囲内において政令で定める日から施行する。

附　則（平成元・一二・一九法八一）抄

（施行期日）

第一条　この法律は、平成二年二月一日から施行する。

附　則（平成五・一一・一二法八九）抄

（施行期日）

第一条　　この法律は、行政手続法（平成五年法律第八十八号）の施行の日〔平成六年一〇月一日〕から施行する。

（諮問等がされた不利益処分に関する経過措置）

第二条　　この法律の施行前に法令に基づき審議会その他の合議制の機関に対し行政手続法第十三条に規定する聴聞又は弁明の機会の付与の手続その他の意見陳述のための手続に相当する手続を執るべきことの諮問その他の求めがされた場合においては、当該諮問その他の求めに係る不利益処分の手続に関しては、この法律による改正後の関係法律の規定にかかわらず、なお従前の例による。

（漁業法の一部改正に伴う経過措置）

第九条　　第百五十七条の規定の施行前に、同条の規定による改正前の漁業法第三十四条第四項（同法第三十六条第三項及び第三十八条第五項（同法第三十六条第三項において準用する場合を含む。）において準用する場合を含む。）の規定による通知がされた場合においては、当該通知に係る漁業権及び休業中の漁業許可の制限又は条件の付加及び取消しの手続に関しては、第百五十七条の規定による改正後の同法の規定にかかわらず、なお従前の例による。

（罰則に関する経過措置）

第十三条　この法律の施行前にした行為に対する罰則の適用については、なお従前の例による。

（聴聞に関する規定の整理に伴う経過措置）

第十四条　この法律の施行前に法律の規定により行われた聴聞、聴問若しくは聴聞会（不利益処分に係るものを除く。）又はこれらのための手続は、この法律による改正後の関係法律の相当規定により行われたものとみなす。

（政令への委任）

第十五条　附則第二条から前条までに定めるもののほか、この法律の施行に関して必要な経過措置は、政令で定める。

附　則（平成六・二・四法二）抄

（施行期日）

第一条　この法律は、公職選挙法の一部を改正する法律の一部を改正する法律（平成六年法律第百四号）の公布の日から起算して一月を経過した日から施行する。〔後略〕

附　則（平成六・二・四法四）抄

（施行期日）

第一条　この法律は、公職選挙法の一部を改正する法律（平成六年法律第二号）の施行の日の属する年の翌年の一月一日から施行する。〔後略〕

附　則（平成六・一一・二五法一〇四）

この法律中、第一条の規定は公布の日から〔中略〕施行する。

附　則（平成六・一一・二五法一〇五）抄

（施行期日）

第一条　この法律は、公職選挙法の一部を改正する法律（平成六年法律第二号）の施行の日から施行する。

附　則（平成七・五・一二法九一）抄

（施行期日）

第一条　この法律は、公布の日から起算して二十日を経過した日から施行する。

附　則（平成七・一二・二〇法一三五）抄

（施行期日）

第一条　この法律は、公布の日から施行する。

附　則（平成九・一二・一九法一二七）抄

（施行期日）

第一条　この法律は、平成十年六月一日から施行する。〔後略〕

附　則（平成一〇・五・六法四七）抄

（施行期日）

第一条　この法律は、公布の日から起算して一年を超えない範囲内において政令で定める日から施行する。〔平成一〇年政令第三八七号で同一一年五月一日から施行〕ただし、〔中略〕附則第七条中漁業法（昭和二十四年法律第二百六十七号）第九十四条の改正規定（「並びに第二百五十二条の三」を「、第二百五十二条の三、第二百五十五条の二並びに第二百五十五条の三」に改める部分及び「第二百七十条本文」を「第二百七十条第一項本文」に改める部分を除く。）〔中略〕は、公布の日から起算して二年を超えない範囲内において政令で定める日から施行する。

附　則（平成一一・五・一四法四三）抄

（施行期日）

第一条　この法律は、行政機関の保有する情報の公開に関する法律（平成十一年法律第四十二号。以下「情報公開法」という。）の施行の日から施行する。〔後略〕

附　則（平成一一・七・一六法八七）抄

（施行期日）

第一条　この法律は、平成十二年四月一日から施行する。ただし、次の各号に掲げる規定は、当該各号に定める日から施行する。

一　〔前略〕附則〔中略〕第百六十条、第百六十三条、第百六十四条〔中略〕の規定　公布の日

二～六　〔省略〕

（漁業法の一部改正に伴う経過措置）

第八十条　施行日前に第二百四十九条の規定による改正前の漁業法第三十九条第一項の規定によりした処分又は同法第百十六条第二項（同法第百三十二条

において準用する場合を含む。）若しくは第百三十四条第二項の規定によりした行為に係る損失の補償に関しては、なお従前の例による。この場合において、同法第百十六条第三項中「中央漁業調整審議会」とあるのは、「水産政策審議会」とする。

（国等の事務）

第百五十九条　この法律による改正前のそれぞれの法律に規定するもののほか、この法律の施行前において、地方公共団体の機関が法律又はこれに基づく政令により管理し又は執行する国、他の地方公共団体その他公共団体の事務（附則第百六十一条において「国等の事務」という。）は、この法律の施行後は、地方公共団体が法律又はこれに基づく政令により当該地方公共団体の事務として処理するものとする。

（処分、申請等に関する経過措置）

第百六十条　この法律（附則第一条各号に掲げる規定については、当該各規定。以下この条及び附則第百六十三条において同じ。）の施行前に改正前のそれぞれの法律の規定によりされた許可等の処分その他の行為（以下この条において「処分等の行為」という。）

又はこの法律の施行の際現に改正前のそれぞれの法律の規定によりされている許可等の申請その他の行為（以下この条において「申請等の行為」という。）で、この法律の施行の日においてこれらの行為に係る行政事務を行うべき者が異なることとなるものは、附則第二条から前条までの規定又は改正後のそれぞれの法律（これに基づく命令を含む。）の経過措置に関する規定に定めるものを除き、この法律の施行の日以後における改正後のそれぞれの法律の適用については、改正後のそれぞれの法律の相当規定によりされた処分等の行為又は申請等の行為とみなす。

2　この法律の施行前に改正前のそれぞれの法律の規定により国又は地方公共団体の機関に対し報告、届出、提出その他の手続をしなければならない事項で、この法律の施行の日前にその手続がされていないものについては、この法律及びこれに基づく政令に別段の定めがあるもののほか、これを、改正後のそれぞれの法律の相当規定により国又は地方公共団体の相当の機関に対して報告、届出、提出その他の手続をしなければならない事項についてその手続がされていないものとみなして、この法律による改正後のそれぞれの法律の規定を適用する。

（不服申立てに関する経過措置）

第百六十一条　施行日前にされた国等の事務に係る処分であって、当該処分をした行政庁（以下この条において「処分庁」という。）に施行日前に行政不服審査法に規定する上級行政庁（以下この条において「上級行政庁」という。）があったものについての同法による不服申立てについては、施行日以後においても、当該処分庁に引き続き上級行政庁があるものとみなして、行政不服審査法の規定を適用する。この場合において、当該処分庁の上級行政庁とみなされる行政庁は、施行日前に当該処分庁の上級行政庁であった行政庁とする。

2　前項の場合において、上級行政庁とみなされる行政庁が地方公共団体の機関であるときは、当該機関が行政不服審査法の規定により処理することとされる事務は、新地方自治法第二条第九項第一号に規定する第一号法定受託事務とする。

（手数料に関する経過措置）

第百六十二条　施行日前においてこの法律による改正前のそれぞれの法律（これに基づく命令を含む。）

の規定により納付すべきであった手数料については、この法律及びこれに基づく政令に別段の定めがあるもののほか、なお従前の例による。

（罰則に関する経過措置）

第百六十三条　この法律の施行前にした行為に対する罰則の適用については、なお従前の例による。

（その他の経過措置の政令への委任）

第百六十四条　この附則に規定するもののほか、この法律の施行に伴い必要な経過措置（罰則に関する経過措置を含む。）は、政令で定める。

2　附則第十八条、第五十一条及び第百八十四条の規定の適用に関して必要な事項は、政令で定める。

（検討）

第二百五十条　新地方自治法第二条第九項第一号に規定する第一号法定受託事務については、できる限り新たに設けることのないようにするとともに、新地方自治法別表第一に掲げるもの及び新地方自治法に基づく政令に示すものについては、地方分権を推進する観点から検討を加え、適宜、適切な見直しを行うものとする。

第二百五十一条　政府は、地方公共団体が事務及び事業を自主的かつ自立的に執行できるよう、国と地方公共団体との役割分担に応じた地方税財源の充実確保の方途について、経済情勢の推移等を勘案しつつ検討し、その結果に基づいて必要な措置を講ずるものとする。

第二百五十二条　政府は、医療保険制度、年金制度等の改革に伴い、社会保険の事務処理の体制、これに従事する職員の在り方等について、被保険者等の利便性の確保、事務処理の効率化等の視点に立って、検討し、必要があると認めるときは、その結果に基づいて所要の措置を講ずるものとする。

附　則（平成一一・七・一六法一〇二）抄

（施行期日）

第一条　この法律は、内閣法の一部を改正する法律

（平成十一年法律第八十八号）の施行の日〔平成一三年一月六日〕から施行する。ただし、次の各号に掲げる規定は、当該各号に定める日から施行する。

一　〔省略〕

二　附則〔中略〕第二十八条並びに第三十条の規定　公布の日

（委員等の任期に関する経過措置）

第二十八条　この法律の施行の日の前日において次に掲げる従前の審議会その他の機関の会長、委員その他の職員である者（任期の定めのない者を除く。）の任期は、当該会長、委員その他の職員の任期を定めたそれぞれの法律の規定にかかわらず、その日に満了する。

一～三十一　〔省略〕

三十二　中央漁業調整審議会

三十三～五十八　〔省略〕

（別に定める経過措置）

第三十条　第二条から前条までに規定するもののほか、この法律の施行に伴い必要となる経過措置は、別に法律で定める。

附　則（平成一一・八・一三法一二二）抄

（施行期日）

第一条　この法律は、公布の日から起算して二十日を経過した日〔平成一一年九月二日〕から施行する。ただし、〔中略〕附則第四条中漁業法（昭和二十四年法律第二百六十七号）第九十四条第一項の表以外部分の改正規定〔中略〕は、公布の日から起算して一年を超えない範囲内において政令で定める日から施行する。

（漁業法の一部改正に伴う経過措置）

第五条　前条の規定による改正後の漁業法の規定は、施行日以後にした行為により刑に処せられた者について適用し、施行日前にした行為により刑に処せられた者については、なお従前の例による。

中央省庁等改革関係法施行法（平成一一・一二・二二法一六〇）抄

（処分、申請等に関する経過措置）

第千三百一条　中央省庁等改革関係法及びこの法律（以下「改革関係法等」と総称する。）の施行前に法令の規定により従前の国の機関がした免許、許可、認可、承認、指定その他の処分又は通知その他の行為は、法令に別段の定めがあるもののほか、改革関係法等の施行後は、改革関係法等の施行後の法令の相当規定に基づいて、相当の国の機関がした免許、許可、認可、承認、指定その他の処分又は通知その他の行為とみなす。

2　改革関係法等の施行の際現に法令の規定により従前の国の機関に対してされている申請、届出その他の行為は、法令に別段の定めがあるもののほか、改革関係法等の施行後は、改革関係法等の施行後の法令の相当規定に基づいて、相当の国の機関に対してされた申請、届出その他の行為とみなす。

3　改革関係法等の施行前に法令の規定により従前の国の機関に対し報告、届出、提出その他の手続をしなければならないとされている事項で、改革関係法等の施行の日前にその手続がされていないものについては、法令に別段の定めがあるもののほか、改革関係法等の施行後は、これを、改革関係法等の施行後の法令の相当規定により相当の国の機関に対して報告、届出、提出その他の手続をしなければならないとされた事項についてその手続がされていないものとみなして、改革関係法等の施行後の法令の規定を適用する。

（従前の例による処分等に関する経過措置）

第千三百二条　なお従前の例によることとする法令の規定により、従前の国の機関がすべき免許、許可、認可、承認、指定その他の処分若しくは通知その他の行為又は従前の国の機関に対してすべき申請、届出その他の行為については、法令に別段の定めがあるもののほか、改革関係法等の施行後は、改革関係法等の施行後の法令の規定に基づくその任務及び所掌事務の区分に応じ、それぞれ、相当の国の機関がすべきものとし、又は相当の国の機関に対してすべきものとする。

（罰則に関する経過措置）

第千三百三条　改革関係法等の施行前にした行為に対する罰則の適用については、なお従前の例による。

（命令の効力に関する経過措置）

第千三百四条　改革関係法等の施行前に法令の規定により発せられた国家行政組織法の一部を改正する法律による改正前の国家行政組織法（昭和二十三年法律第百二十号。次項において「旧国家行政組織法」という。）第十二条第一項の総理府令又は省令は、法令に別段の定めがあるもののほか、改革関係法等の施行後は、改革関係法等の施行後の法令の相当規定に基づいて発せられた相当の内閣府設置法第七条第三項の内閣府令又は国家行政組織法の一部を改正する法律による改正後の国家行政組織法（次項及び次条第一項において「新国家行政組織法」という。）第十二条第一項の省令としての効力を有するものとする。

2　改革関係法等の施行前に法令の規定により発せられた旧国家行政組織法第十三条第一項の特別の命令は、法令に別段の定めがあるもののほか、改革関係法等の施行後は、改革関係法等の施行後の法令の相当規定に基づいて発せられた相当の内閣府設置法第五十八条第四項（組織関係整備法第六条の規定による改正後の宮内庁法（昭和二十二年法律第七十号）第十八条第一項において準用する場合を含む。）の特別の命令又は新国家行政組織法第十三条第一項の特別の命令としての効力を有するものとする。

3　改革関係法等の施行の際現に効力を有する金融再生委員会規則で、第百六十六条の規定による改正後の金融機能の再生のための緊急措置に関する法律又は第百六十八条の規定による改正後の金融機能の早期健全化のための緊急措置に関する法律の規定により内閣府令で定めるべき事項を定めているものは、改革関係法等の施行後は、内閣府令としての効力を有するものとする。

（内閣府等の組織に関する中央省庁等改革推進本部令）

第千三百五条　中央省庁等改革推進本部は、改革関係法等の施行前において、改革関係法等の施行後の内閣府、総務省、法務省、外務省、財務省、文部科学省、厚生労働省、農林水産省、経済産業省、国土交通省及び環境省の組織に関する事項で内閣府設置法第七条第三項の内閣府令又は新国家行政組織法第十二条第一項の省令で定めるべきものを、それぞれ、中央省庁等改革推進本部令で定めることができる。

2　前項の中央省庁等改革推進本部令は、中央省庁等改革推進本部令の定めるところにより、改革関係法等の施行の時に、それぞれ、その時に発せられた前項に規定する事項を定めた相当の内閣府令又は省令となるものとする。

（守秘義務に関する経過措置）

第千三百七条　改革関係法等の施行後は、改革関係法等の施行前の労働基準法第百五条（同法第百条の二第三項において準用する場合を含む。）、私的独占の禁止及び公正取引の確保に関する法律第三十九条、地方自治法第二百五十条の九第十三項（同法第二百五十一条第五項において準用する場合を含む。）、船員法第百九条、国営企業労働関係法（昭和二十三年法律第二百五十七号）第二十六条第五項、運輸省設置法（昭和二十四年法律第百五十七号）第十五条、労働組合法第二十三条、電波法第九十九条の四において準用する国家公務員法第百条第一項、警察法第十条第一項において準用する国家公務員法第百条第一項、原子力委員会及び原子力安全委員会設置法（昭和三十年法律第百八十八号）第十条（同法第二十二条において準用する場合を含む。）、特許法第二百条、実用新案法第六十条、意匠法第七十三条、地価公示法第十八条第一項、公害等調整委員会設置法第十一条第一項（同法第十八条第五項において準用する場合を含む。）、公害健康被害の補償等に関する法律第百二十三条第一項、航空事故調査委員会設置法第十条第一項、国会等の移転に関する法律（平成四年法律第百九号）第十五条第八項、衆議院議員選挙区画定審議会設置法（平成六年法律第三号）第六条第七項、金融再生委員会設置法第二十八条において準用する同法第十一条第一項又は同法第三十八条第一項において準用する同法第十一条第一項に規定する従前の国の機関の委員その他の職員であった者（以下この条において「旧委員等」という。）は、それぞれ、改革関係法等の施行後のこれらの規定（改革関係法等の施行後にあっては、改革関係法等の施行前の労働基準法第百条の二第三項において準用する同法第百五条の規定については改革関係法等の施行後の同法第百条第三項において準用する同法第百五条の規定とし、改革関係法等の施行前の運輸省設置法第十五条の規定については改革関係法等の施行後の国土交通省設置法第二十一条第一項の規定とし、改革関係法等の施行前の金融再生委員会設置法第二十八条において準用する同法第十一条第一項の規定については改革関係法等の施行後の金融庁設置法（平成十年法律第百三十号）第十六条第一項の規定とし、改革関係法等の施行前の金融再生委員会設置法第三十八条第一項において準用する同法第十一条第一項の規定については改革関係法等の施行後の金融庁設置法附則第十五条において準用する同法第十六条第一項の規定とする。以下この項において同じ。）に規定する国の機関の委員その他の職員（以下この条において「新委員等」という。）であったものと、改革関係法等の施行前のこれらの規定に規定する旧委員等に係るその職務上又はその職務に関して知ることができた秘密は、それぞれ、改革関係法等の施行後のこれらの規定に規定する新委員等に係るその職務上又はその職務に関して知ることができた秘密とみなして、改革関係法等の施行後のこれらの法律を適用する。

2　改革関係法等の施行前の科学技術会議設置法（昭和三十四年法律第四号）第十条第一項、宇宙開発委員会設置法（昭和四十三年法律第四十号）第九条第一項又は金融再生委員会設置法第十一条第一項に規定する従前の国の機関の委員その他の職員であった者に係るその職務上知ることができた秘密を漏らしてはならない義務については、改革関係法等の施行後も、なお従前の例による。

3　改革関係法等の施行前の臨時金利調整法第十二

条に規定する金利調整審議会の委員又は同審議会の書記であった者が、金利調整審議会の議事に関して知得した秘密に関し、改革関係法等の施行後にした行為に対する罰則の適用については、なお従前の例による。

4　改革関係法等の施行後は、改革関係法等の施行前の消防法第三十五条の三の二第二項において準用する同法第三十四条第二項において準用する同法第四条第六項に規定する従前の消防庁の職員に係る検査又は質問を行った場合に知り得た関係者の秘密は、改革関係法等の施行後の同項に規定する消防庁の職員に係る検査又は質問を行った場合に知り得た関係者の秘密とみなして、同項の規定を適用する。

5　改革関係法等の施行後は、改革関係法等の施行前の職業安定法第五十一条の二に規定する従前の公共職業安定所の業務に従事する者であった者は、改革関係法等の施行後の職業安定法第五十一条の二に規定する公共職業安定所の業務に従事する者であった者と、改革関係法等の施行前の職業安定法第五十一条の二に規定する従前の公共職業安定所の業務に従事する者であった者に係るその業務に関して知り得た同条に規定する情報は、改革関係法等の施行後の職業安定法第五十一条の二に規定する公共職業安定所の業務に従事する者であった者に係るその業務に関して知り得た同条に規定する情報とみなして、同条の規定を適用する。

（職務上の義務違反に関する経過措置）

第千三百八条　改革関係法等の施行後は、改革関係法等の施行前の地方自治法第二百五十条の九第十一項（同法第二百五十一条第五項において準用する場合を含む。）、建設業法第二十五条の五第二項（同法第二十五条の七第三項において準用する場合を含む。）、犯罪者予防更生法第八条第二項、運輸省設置法第十一条、労働組合法第十九条の七第二項（同法第十九条の十三第四項において準用する場合を含む。）、社会保険医療協議会法第三条第八項、公職選挙法第五条の二第四項、電波法第九十九条の八、ユネスコ活動に関する法律第十一条第一項、公安審査委員会設置法（昭和二十七年法律第二百四十二号）第七条、自治省設置法（昭和二十七年法律第二百六十一号）第八条第一項、社会保険審査官及び社会保険審査会法第二十四条、警察法第九条第二項、原子力委員会及び原子力安全委員会設置法第七条第二項（同法第二十二条において準用する場合を含む。）、労働保険審査官及び労働保険審査会法第三十条、地価公示法第十五条第八項、公害等調整委員会設置法第九条、公害健康被害の補償等に関する法律第百十六条、航空事故調査委員会設置法第八条第二項、国会等の移転に関する法律第十五条第七項、衆議院議員選挙区画定審議会設置法第六条第六項、金融再生委員会設置法第二十八条において準用する同法第九条又は同法第三十八条第一項において準用する同法第九条に規定する従前の国の機関の委員その他の職員であった者（以下この条において「旧委員等」という。）が改革関係法等の施行前に行った旧委員等としての職務上の義務違反その他旧委員等たるに適しない非行は、それぞれ、改革関係法等の施行後のこれらの規定（改革関係法等の施行後にあっては、改革関係法等の施行前の自治省設置法第八条第一項の規定については改革関係法等の施行後の総務省設置法第十四条の規定とし、改革関係法等の施行前の運輸省設置法第十一条の規定については改革関係法等の施行後の国土交通省設置法第二十条の規定とし、改革関係法等の施行前の金融再生委員会設置法第二十八条において準用する同法第九条の規定については改革関係法等の施行後の金融庁設置法第十四条の規定とし、改革関係法等の施行前の金融再生委員会設置法第三十八条において準用する同法第九条の規定については改革関係法等の施行後の金融庁設置法附則第十五条において準用する同法第十四条の規定とする。）に規定する国の機関の委員その他の職員（以下この条において「新委員等」という。）として行った職務上の義務違反その他新委員等たるに適しない非行とみなして、改革関係法等の施行後のこれらの法律を適用する。

（地方自治法第百五十六条第四項の適用の特例）

第千三百九条　改革関係法等の施行後の内閣府、総務省、法務省、外務省、財務省、文部科学省、厚生労働省、農林水産省、経済産業省、国土交通省又は環境省の第百七十三条の規定による改正後の地方自治法（次項において「新地方自治法」という。）第百五十六条第五項に規定する機関以外の同条第四項に規定する国の地方行政機関（地方厚生局及び地方厚生支局並びに地方整備局を除く。）であって、改革関係法等の施行の際従前の総理府、法務省、外務省、大蔵省、文部省、厚生省、農林水産省、通商産業省、運輸省、郵政省、労働省、建設省又は自治省の相当の機関（以下この項において「相当の旧機関」という。）の位置と同一の位置に設けられ、かつ、その相当の旧機関の管轄区域以外の区域を管轄しないものについては、同条第四項の規定は、適用しない。

2　地方厚生局又は地方厚生支局であって、改革関係法等の施行の際従前の厚生省の地方医務局（地方厚生支局にあっては、従前の厚生省の地方医務支局とする。以下この項において同じ。）の位置と同一の位置に設けられ、かつ、従前の厚生省の地方医務局の管轄区域以外の区域を管轄しないものについては、新地方自治法第百五十六条第四項の規定は、適用しない。

（審判官の除斥に関する経過措置）

第千三百三十八条　審判官が改革関係法等の施行前に従前の審査官として査定に関与した事件は、改革関係法等の施行後の特許法第百三十九条第六号（同法、実用新案法、意匠法、商標法その他の法令において準用する場合を含む。）の規定の適用については、改革関係法等の施行後に審査官として査定に関与した事件とみなす。

（政令への委任）

第千三百四十四条　第七十一条から第七十六条まで及び第千三百一条から前条まで並びに中央省庁等改

革関係法に定めるもののほか、改革関係法等の施行に関し必要な経過措置（罰則に関する経過措置を含む。）は、政令で定める。

附　則

（施行期日）

第一条　この法律（第二条及び第三条を除く。）は、平成十三年一月六日から施行する。ただし、次の各号に掲げる規定は、当該各号に定める日から施行する。

一　〔前略〕第千三百五条〔中略〕及び第千三百四十四条の規定　公布の日

二　〔省略〕

附　則（平成一二・五・一七法六二）抄

（施行期日）

第一条　この法律は、公布の日から施行する。〔後略〕

附　則（平成一二・五・一七法六三）抄

（施行期日）

第一条　この法律は、公布の日から施行する。

附　則（平成一二・五・三一法九一）抄

（施行期日）

1　この法律は、商法等の一部を改正する法律（平成十二年法律第九十号）の施行の日から施行する。

附　則（平成一二・一一・一法一一八）抄

（施行期日）

第一条　この法律は、公布の日から起算して二十日を経過した日から施行する。

附　則（平成一二・一一・二七法一二六）抄

（施行期日）

第一条　この法律は、公布の日から起算して五月を超えない範囲内において政令で定める日から施行する。〔後略〕

（罰則に関する経過措置）

第二条　この法律の施行前にした行為に対する罰則の適用については、なお従前の例による。

附　則（平成一三・六・二九法八九）抄

（施行期日）

第一条　この法律は、公布の日から施行する。

附　則（平成一三・六・二九法九〇）抄

（施行期日）

第一条　この法律は、公布の日から起算して六月を超えない範囲内において政令で定める日から施行する。〔平成一三年政令第三〇五号で同年一二月一日から施行〕ただし、次の各号に掲げる規定は、当該各号に定める日から施行する。

一　附則第四条の規定　公布の日

二　第一条中漁業法目次の改正規定、同法第六条第三項、第三十七条第二項、第六十六条から第七十一

条まで、第八十二条、第八十三条及び第百九条の改正規定、同法第六章第四節の節名を削る改正規定、同法第百九条の次に節名を付する改正規定、同法第百十条の改正規定、同法第百十一条から第百十四条までを削る改正規定、同法第百十条の三第一項の改正規定、同条を同法第百十三条とする改正規定、同法第六章第四節中同条の次に一条を加える改正規定、同法第百十条の二の改正規定、同条を同法第百十二条とする改正規定、同法第百十条の次に一条を加える改正規定並びに同法第百十六条から第百十八条まで、第百三十七条の三第一項第二号及び第百三十九条の改正規定並びに附則第三条〔中略〕の規定　平成十三年十月一日

（漁業権及び入漁権に関する経過措置）

第二条　この法律の施行の際現に存する漁業権及びこれについて現に存し又は新たに設定される入漁権については、当該漁業権又は入漁権の存続期間中は、なお従前の例による。ただし、次に掲げる規定の適用については、この限りでない。

一　第一条の規定による改正後の漁業法第八条第三項及び第三十一条の規定

二　第二条の規定による改正後の水産業協同組合

法第五十一条の二の規定及び同法第百三十条（同条第一項第六号、第六号の二及び第九号から第九号の三までに係る部分に限る。）の規定

三　附則第六条の規定による改正後の海洋水産資源開発促進法（昭和四十六年法律第六十号）第十二条の五第一項の規定

四　附則第七条の規定による改正後の持続的養殖生産確保法（平成十一年法律第五十一号）第六条第一項の規定

（罰則に関する経過措置）

第三条　附則第一条第二号に掲げる改正規定の施行前にした行為に対する罰則の適用については、なお従前の例による。

（政令への委任）

第四条　前二条に定めるもののほか、この法律の施行に関し必要な経過措置は、政令で定める。

附　則（平成一四・六・一九法七五）抄

（施行期日）

第一条　この法律は、平成十五年一月一日から施行する。〔後略〕

附　則（平成一四・一二・一三法一五二）抄

（施行期日）

第一条　この法律は、行政手続等における情報通信の技術の利用に関する法律（平成十四年法律第百五十一号）の施行の日〔平成一五年二月三日〕から施行する。〔後略〕

附　則（平成一五・五・三〇法六一）抄

（施行期日）

第一条　この法律は、行政機関の保有する個人情報の保護に関する法律の施行の日〔平成一七年四月一日〕から施行する。

（その他の経過措置の政令への委任）

第四条　前二条に定めるもののほか、この法律の施行に関し必要な経過措置は、政令で定める。

附　則（平成一五・六・一一法六九）抄

（施行期日）

第一条　この法律は、公布の日から起算して六月を超えない範囲内において政令で定める日から施行する。〔平成一五年政令第三一六号で同年一二月一日から施行〕ただし、次の各号に掲げる規定は、当該各号に定める日から施行する。

一　〔省略〕

二　〔前略〕附則第五条中漁業法（昭和二十四年法律第二百六十七号）第九十四条第一項の改正規定（「不在者投票等」を「不在者投票」に改める部分に限る。）〔中略〕　公布の日から起算して一年を超えない範囲内において政令で定める日〔平成一五年政令第四四四号で同一六年四月一日から施行〕

（適用区分等）

第二条　〔前略〕附則第五条の規定による改正後の漁業法の規定〔中略〕は、この法律の施行の日以後その期日を公示され又は告示される選挙又は審査について適用し、この法律の施行の日の前日までにその期日を公示され又は告示された選挙又は審査については、なお従前の例による。

2　〔省略〕

3　〔省略〕

4　〔省略〕

附　則（平成一五・七・二五法一二七）抄

（施行期日）

第一条　この法律は、公布の日から起算して一年を超えない範囲内において政令で定める日から施行する。

（適用区分）

第二条　〔前略〕次条の規定による改正後の最高裁判所裁判官国民審査法（昭和二十二年法律第百三十六号）の規定〔中略〕は、この法律の施行の日以後その期日を公示され又は告示される選挙又は審査について適用し、この法律の施行の日の前日までにその期日を公示され又は告示された選挙又は審査については、なお従前の例による。

附　則（平成一六・五・二六法五七）抄

（施行期日）

第一条　この法律は、〔中略〕ただし、〔中略〕次条〔中略〕の規定は、平成十七年四月一日から施行する。

附　則（平成一六・六・二法七六）抄

（施行期日）

第一条　この法律は、破産法（平成十六年法律第七十五号。次条第八項並びに附則第三条第八項、第五条第八項、第十六項及び第二十一項、第八条第三項並びに第十三条において「新破産法」という。）の施行の日〔平成一七年一月一日〕から施行する。〔後略〕

（罰則の適用等に関する経過措置）

第十二条　施行日前にした行為並びに附則第二条第一項、第三条第一項、第四条、第五条第一項、第九項、第十七項、第十九項及び第二十一項並びに第六条第一項及び第三項の規定によりなお従前の例によることとされる場合における施行日以後にした行為に対する罰則の適用については、なお従前の例による。この場合において、旧民事再生法第二百四十六条及び第二百四十七条の規定の適用については第一号に掲げる再生手続開始の決定は同号に定める再生手続開始の決定と、旧会社更生法第二百五十五条及び第二百五十六条の規定の適用については第二号に掲げる更生手続開始の決定は同号に定める更生手続開始の決定と、旧更生特例法第五百三十九条及び第五百四十条の規定の適用については第三号に掲げる更生手続開始の決定は同号に定める更生手続開始の決定と、それぞれみなす。

一　新民事再生法の規定によりされた再生手続開始の決定　旧民事再生法の規定によりされた再生手続開始の決定

二　新会社更生法の規定によりされた更生手続開始の決定　旧会社更生法の規定によりされた更生手続開始の決定

三　新更生特例法第三十一条又は第百九十六条において準用する新会社更生法第四十一条第一項に

規定する更生手続開始の決定　旧更生特例法第三十一条又は第百九十六条において準用する旧会社更生法第四十一条第一項に規定する更生手続開始の決定

2　次の各号に掲げる場合における施行日前にした行為に対する旧破産法第三百七十四条から第三百七十六条まで及び第三百七十八条の規定の適用については、当該各号に定める破産手続開始の決定は、旧破産法の規定によりされた破産の宣告とみなす。

一　附則第二条第三項の規定により新民事再生法第二百五十条の規定が適用される場合　新民事再生法第二百五十条の規定によりされた破産手続開始の決定

二　附則第三条第三項の規定により新会社更生法第二百五十二条の規定が適用される場合　新会社更生法第二百五十二条の規定によりされた破産手続開始の決定

三　附則第五条第三項又は第十一項の規定により新更生特例法第百五十八条の八又は第三百三十一条の八の規定が適用される場合　新更生特例法第百五十八条の八又は第三百三十一条の八の規定によりされた破産手続開始の決定

3　施行日前に破産の宣告、再生手続開始の決定、更生手続開始の決定、整理開始の命令、特別清算開始の命令又は外国倒産処理手続の承認の決定（以下この項において「手続開始決定」という。）を受けた者（当該手続開始決定に係る破産手続、再生手続、更生手続、整理手続、特別清算手続又は承認援助手続が終了している者を除く。）が有する第百二十条の規定による改正前の債権管理回収業に関する特別措置法第二条第一項第十六号に規定する金銭債権は、第百二十条の規定による改正後の債権管理回収業に関する特別措置法の規定及び当該規定に係る罰則の適用については、同法第二条第一項第十六号に規定する金銭債権とみなす。

4　施行日前にされた破産、再生手続開始又は更生手続開始の申立てに係る届出の義務に関するこの法律による改正前の証券取引法、外国証券業者に関する法律及び信託業法の規定並びにこれらの規定に係る罰則の適用については、なお従前の例による。

5　施行日前にされた破産の宣告、再生手続開始の決定、更生手続開始の決定又は外国倒産処理手続の承認の決定に係る届出、通知又は報告の義務に関するこの法律による改正前の証券取引法、測量法、国際観光ホテル整備法、建築士法、投資信託及び投資法人に関する法律、電気通信事業法、電気通信役務利用放送法、水洗炭業に関する法律、不動産の鑑定評価に関する法律、外国証券業者に関する法律、積立式宅地建物販売業法、銀行法、貸金業の規制等に関する法律、浄化槽法、有価証券に係る投資顧問業の規制等に関する法律、抵当証券業の規制等に関する法律、金融先物取引法、遊漁船業の適正化に関する法律、前払式証票の規制等に関する法律、商品投資に係る事業の規制に関する法律、不動産特定共同事業法、保険業法、資産の流動化に関する法律、債権管理回収業に関する特別措置法、新事業創出促進法、建設工事に係る資材の再資源化等に関する法律、著作権等管理事業法、マンションの管理の適正化の推進に関する法律、確定給付企業年金法、特定製品に係るフロン類の回収及び破壊の実施の確保等に関する法律、社債等の振替に関する法律、確定拠出年金法、使用済自動車の再資源化等に関する法律、信託業法及び特定目的会社による特定資産の流動化に関する法律等の一部を改正する法律附則第二条第一項の規定によりなおその効力を有するものとされる同法第一条の規定による改正前の特定目的会社による特定資産の流動化に関する法律の規定並びにこれらの規定に係る罰則の適用については、なお従前の例による。

（政令への委任）

第十四条　附則第二条から前条までに規定するもののほか、この法律の施行に関し必要な経過措置は、政令で定める。

附　則（平成一六・六・九法八四）抄

（施行期日）

第一条　この法律は、公布の日から起算して一年を超えない範囲内において政令で定める日から施行する。〔後略〕

（検討）

第五十条　政府は、この法律の施行後五年を経過した場合において、新法の施行の状況について検討を加え、必要があると認めるときは、その結果に基づいて所要の措置を講ずるものとする。

附　則（平成一六・一二・一法一四七）抄

（施行期日）

第一条　この法律は、公布の日から起算して六月を超えない範囲内において政令で定める日から施行する。

附　則（平成一六・一二・三法一五四）抄

（施行期日）

第一条　この法律は、公布の日から起算して六月を超えない範囲内において政令で定める日（以下「施行日」という。）から施行する。〔後略〕

（処分等の効力）

第百二十一条　この法律の施行前のそれぞれの法律（これに基づく命令を含む。以下この条において同じ。）の規定によってした処分、手続その他の行為であって、改正後のそれぞれの法律の規定に相当の規定があるものは、この附則に別段の定めがあるものを除き、改正後のそれぞれの法律の相当の規定によってしたものとみなす。

（罰則に関する経過措置）

第百二十二条　この法律の施行前にした行為並びにこの附則の規定によりなお従前の例によることとされる場合及びこの附則の規定によりなおその効力を有することとされる場合におけるこの法律の施行後にした行為に対する罰則の適用については、なお従前の例による。

（その他の経過措置の政令への委任）

第百二十三条　この附則に規定するもののほか、この法律の施行に伴い必要な経過措置は、政令で定める。

（検討）

第百二十四条　政府は、この法律の施行後三年以内に、この法律の施行の状況について検討を加え、必要があると認めるときは、その結果に基づいて所要の措置を講ずるものとする。

会社法の施行に伴う関係法律の整備等に関する

法律（平成一七・七・二六法八七）抄

（罰則に関する経過措置）

第五百二十七条　施行日前にした行為及びこの法律の規定によりなお従前の例によることとされる場合における施行日以後にした行為に対する罰則の適用については、なお従前の例による。

（政令への委任）

第五百二十八条　この法律に定めるもののほか、この法律の規定による法律の廃止又は改正に伴い必要な経過措置は、政令で定める。

附　則

この法律は、会社法の施行の日から施行する。〔後略〕

附　則（平成一八・六・七法五三）抄

（施行期日）

第一条　この法律は、平成十九年四月一日から施行

する。〔後略〕

附　則（平成一八・六・一四法六二）抄

（施行期日）

第一条　この法律は、〔中略〕ただし、次の各号に掲げる規定は、当該各号に定める日から施行する。

一　〔前略〕附則第三条〔中略〕の規定　公布の日から起算して六月を超えない範囲内において政令で定める日

二　〔省略〕

附　則（平成一八・六・二三法九三）抄

（施行期日）

第一条　この法律は、次の各号に掲げる区分に応じ、当該各号に定める日から施行する。

一　〔前略〕附則第五条〔中略〕の規定　公布の日から起算して六月を超えない範囲内において政令で定める日

二　〔前略〕附則第六条〔中略〕の規定　公布の日から起算して九月を超えない範囲内において政令

で定める日

附　則（平成一九・六・六法七七）抄

（施行期日）

第一条　この法律は、公布の日から起算して一年を超えない範囲内において政令で定める日から施行する。ただし、第一条中漁業法第五十七条及び第六十二条の二の改正規定、同法第六十二条の三を同法第六十二条の四とし、同法第六十二条の二の次に一条を加える改正規定並びに同法第六十三条の改正規定は、公布の日から起算して三年を超えない範囲内において政令で定める日から施行する。

（指定漁業の許可又は起業の認可に関する経過措置）

第二条　前条ただし書に規定する規定の施行の際現に第一条の規定による改正前の漁業法（以下この条及び次条において「旧漁業法」という。）第五十二条第一項の規定による許可又は旧漁業法第五十四条第一項から第三項までの規定による起業の認可を受けている者及び前条ただし書に規定する規定の施行後に次条の規定に基づきなお従前の例により許可又は起業の認可を受けた者が前条ただし書に規定する規定の施行の日以後に第一条の規定による改正後の漁業法（以下この条及び附則第五条において「新漁業法」という。）第五十七条第一項第四号に該当することとなった場合における当該許可又は起業の認可の取消しについては、当該許可又は起業の認可の有効期間中は、新漁業法第六十二条の三第二項の規定にかかわらず、なお従前の例による。

（施行前にされた指定漁業の許可又は起業の認可の申請に関する経過措置）

第三条　附則第一条ただし書に規定する規定の施行前にされた旧漁業法第五十二条第一項の規定による許可又は旧漁業法第五十四条第一項から第三項までの規定による起業の認可の申請であって、附則第一条ただし書に規定する規定の施行の際、許可又は起業の認可をするかどうかの処分がされていないものについての農林水産大臣が行う許可又は起業の認可については、なお従前の例による。

（政令への委任）

第四条　前二条に定めるもののほか、この法律の施行に関して必要な経過措置は、政令で定める。

（検討）

第五条　　政府は、附則第一条ただし書に規定する規定の施行後五年を経過した場合において、新漁業法の施行の状況を勘案し、必要があると認めるときは、新漁業法の規定について検討を加え、その結果に基づいて必要な措置を講ずるものとする。

附　則（平成二三・五・二法三五）抄

（施行期日）

第一条　　この法律は、公布の日から起算して三月を超えない範囲内において政令で定める日から施行する。〔後略〕

附　則（平成二五・六・一四法四四）抄

（施行期日）

第一条　　この法律は、公布の日から施行する。〔後略〕

（罰則に関する経過措置）

第十条　この法律（附則第一条各号に掲げる規定にあっては、当該規定）の施行前にした行為に対する罰則の適用については、なお従前の例による。

（政令への委任）

第十一条　この附則に規定するもののほか、この法律の施行に関し必要な経過措置（罰則に関する経過措置を含む。）は、政令で定める。

附　則（平成二六・五・三〇法四二）抄

（施行期日）

第一条　この法律は、公布の日から起算して二年を超えない範囲内において政令で定める日から施行する。〔後略〕

附　則（平成二六・六・一三法六九）抄

（施行期日）

第一条　この法律は、行政不服審査法（平成二十六年法律第六十八号）の施行の日から施行する。

（経過措置の原則）

第五条　行政庁の処分その他の行為又は不作為についての不服申立てであってこの法律の施行前にされた行政庁の処分その他の行為又はこの法律の施行前にされた申請に係る行政庁の不作為に係るものについては、この附則に特別の定めがある場合を除き、なお従前の例による。

（訴訟に関する経過措置）

第六条　この法律による改正前の法律の規定により不服申立てに対する行政庁の裁決、決定その他の行為を経た後でなければ訴えを提起できないこととされる事項であって、当該不服申立てを提起しないでこの法律の施行前にこれを提起すべき期間を経過したもの（当該不服申立てが他の不服申立てに対する行政庁の裁決、決定その他の行為を経た後でなければ提起できないとされる場合にあっては、当該他の不服申立てを提起しないでこの法律の施行前にこれを提起すべき期間を経過したものを含む。）の訴えの提起については、なお従前の例による。

2　この法律の規定による改正前の法律の規定（前条の規定によりなお従前の例によることとされる場合を含む。）により異議申立てが提起された処分その他の行為であって、この法律の規定による改正後の法律の規定により審査請求に対する裁決を経た後でなければ取消しの訴えを提起することができないこととされるものの取消しの訴えの提起については、なお従前の例による。

3　不服申立てに対する行政庁の裁決、決定その他の行為の取消しの訴えであって、この法律の施行前に提起されたものについては、なお従前の例による。

（罰則に関する経過措置）

第九条　この法律の施行前にした行為並びに附則第五条及び前二条の規定によりなお従前の例によることとされる場合におけるこの法律の施行後にした行為に対する罰則の適用については、なお従前の例による。

（その他の経過措置の政令への委任）

第十条　附則第五条から前条までに定めるもののほか、この法律の施行に関し必要な経過措置（罰則に関する経過措置を含む。）は、政令で定める。

附　則（平成二七・六・一九法四三）抄

（施行期日）

第一条　この法律は、公布の日から起算して一年を経過した日から施行する。〔後略〕

（適用区分）

第二条　第一条の規定による改正後の公職選挙法（以下「新公職選挙法」という。）の規定は、この法律の施行の日（以下「施行日」という。）後初めてその期日を公示される衆議院議員の総選挙の期日の公示の日又は施行日後初めてその期日を公示される参議院議員の通常選挙の期日の公示の日のうちいずれか早い日（以下「公示日」という。）以後にその期日を公示され又は告示される選挙、最高裁判所裁判官国民審査並びに日本国憲法第九十五条、地方自治法

第八十五条第一項及び第二百九十一条の六第七項、市町村の合併の特例に関する法律（平成十六年法律第五十九号）第五条第三十二項並びに大都市地域における特別区の設置に関する法律（平成二十四年法律第八十号）第七条第六項に規定する投票（以下「住民投票」という。）について適用し、公示日の前日までにその期日を公示され又は告示された選挙、最高裁判所裁判官国民審査及び住民投票については、なお従前の例による。

2　第三条の規定による改正後の漁業法（附則第四条及び第六条において「新漁業法」という。）の規定は、公示日以後に調製され、確定する選挙人名簿（以下この項において「新選挙人名簿」という。）を用いて行われる選挙について適用し、新選挙人名簿以外の選挙人名簿を用いて行われる選挙については、なお従前の例による。

（罰則に関する経過措置）

第四条　この法律の施行前にした行為、附則第二条の規定によりなお従前の例によることとされる場合におけるこの法律の施行後にした行為並びに同条の規定により新公職選挙法の規定及び新漁業法の規定が適用される選挙並びに住民投票に関し施行日から公示日の前日までの間に年齢満十八年以上満二十年未満の者がした選挙運動及び投票運動に係る行為に対する罰則の適用については、なお従前の例による。

附　則（平成二七・八・五法六〇）抄

（施行期日）

第一条　この法律は、公布の日から起算して三月を経過した日から施行する。〔後略〕

附　則（平成二八・四・一一法二四）抄

（施行期日）

第一条　この法律は、公布の日から施行する。ただし、〔中略〕附則第四条から第七条まで〔中略〕の規定は、公職選挙法等の一部を改正する法律（平成二十七年法律第四十三号）の施行の日から施行する。

附　則（平成二八・四・一三法二五）抄

（施行期日）

第一条　この法律は、公布の日から起算して一年を超えない範囲内において政令で定める日から施行する。〔後略〕

附　則（平成二八・五・二七法五一）抄

（施行期日）

第一条　この法律は、公布の日から起算して一年六月を超えない範囲内において政令で定める日から施行する。〔後略〕

附　則（平成二八・一二・二法九四）抄

（施行期日）

第一条　この法律は、公布の日から起算して六月を超えない範囲内において政令で定める日から施行する。〔後略〕

附　則（平成三〇・七・二五法七五）抄

（施行期日）

第一条　この法律は、公布の日から起算して三月を経過した日から施行する。

附　則（平成三〇・一二・一四法九五）抄

（施行期日）

第一条　この法律は、公布の日から起算して二年を超えない範囲内において政令で定める日から施行する。ただし、次の各号に掲げる規定は、当該各号に定める日から施行する。

一　次条から附則第七条まで並びに附則第十四条、第十五条第一項及び第三項、第十六条、第三十一条並びに第三十三条第一項の規定　公布の日（附則第十四条及び第十五条第三項において「公布日」という。）

二　〔省略〕

（漁業法の一部改正に伴う準備行為）

第二条　第一条の規定による改正後の漁業法（以下「新漁業法」という。）第三十六条第一項及び第五十七条第一項の農林水産省令並びに同項の規則を制定し、又は改廃しようとするとき並びに新漁業法第四十一条第一項第五号（新漁業法第五十八条において準用する場合を含む。）の基準、新漁業法第四十六条第二項の期間及び新漁業法第五十七条第七項の事項を定め、又は変更しようとするときは、この法律の施行の日（以下「施行日」という。）前においても、水産政策審議会に対する諮問その他の必要な行為を行うことができる。

第三条　農林水産大臣及び都道府県知事は、施行日前においても、新漁業法第十一条及び第十四条の規定の例により、資源管理基本方針等（新漁業法第十一条第一項に規定する資源管理基本方針及び新漁業法第十四条第一項に規定する都道府県資源管理方針をいう。次項において同じ。）を定め、これを公表することができる。

2　前項の規定により定められ、公表された資源管理基本方針等は、施行日において新漁業法第十一条及び第十四条の規定により定められ、公表されたものとみなす。

第四条　農林水産大臣は、施行日前においても、新漁業法第十五条の規定の例により、同条第一項各号に掲げる数量（次項において「漁獲可能量等」という。）を定め、これを公表することができる。

2　前項の規定により定められ、公表された漁獲可能量等は、施行日において新漁業法第十五条の規定により定められ、公表されたものとみなす。

3　都道府県知事は、施行日前においても、新漁業法第十六条の規定の例により、知事管理漁獲可能量（同条第一項に規定する知事管理漁獲可能量をいう。次項において同じ。）を定め、これを公表することができる。

4　前項の規定により定められ、公表された知事管理漁獲可能量は、施行日において新漁業法第十六条の規定により定められ、公表されたものとみなす。

第五条　漁獲割当割合（新漁業法第十七条第一項に規定する漁獲割当割合をいう。次項において同じ。）の設定を受けようとする者は、施行日前においても、同条第一項の規定の例により、その設定の申請をすることができる。

2　農林水産大臣及び都道府県知事は、前項の規定により漁獲割当割合の設定の申請があった場合においては、施行日前においても、新漁業法第十七条及び第十八条の規定の例により、その設定を行うことができる。

3　前項の設定は、施行日において農林水産大臣又は都道府県知事が行った新漁業法第十七条第一項の設定とみなす。

第六条　都道府県知事は、新漁業法第六十二条第一項の海区漁場計画及び新漁業法第六十七条第一項の内水面漁場計画を作成し、又は変更しようとするときは、施行日前においても、新漁業法第六十四条（新漁業法第六十七条第二項において準用する場合を含む。）の規定の例により、海区漁業調整委員会に対する諮問その他の必要な行為を行うことができる。

2　農林水産大臣は、施行日前においても、新漁業法第六十五条及び第六十六条（これらの規定を新漁業法第六十七条第二項において準用する場合を含む。）の規定の例により、都道府県知事に対し、施行日前に作成し、又は変更しようとする海区漁場計画及び内水面漁場計画に関して必要な助言又は指示を行うことができる。

第七条　新漁業法第百二十四条第一項の認定を受けようとする者は、施行日前においても、同条の規定の例により、その認定の申請をすることができる。

2　農林水産大臣及び都道府県知事は、前項の規定による認定の申請があった場合においては、施行日前においても、新漁業法第百二十五条の規定の例により、その認定をすることができる。

3　前項の認定は、施行日において農林水産大臣又は都道府県知事が行った新漁業法第百二十四条第一項の認定とみなす。

（許可及び起業の認可に関する経過措置）

第八条　この法律の施行の際現に第一条の規定による改正前の漁業法（以下「旧漁業法」という。）第五十二条第一項、第六十五条第一項又は第六十六条第一項の許可を受けている者（以下この項において「旧許可者」という。）が営む漁業が、新漁業法第三十六条第一項、第五十七条第一項又は第百十九条第一項の許可を要するものに該当する場合には、旧許可者は、施行日において新漁業法第三十六条第一項、第五十七条第一項又は第百十九条第一項の許可を受けたものとみなす。

2　この法律の施行の際現に旧漁業法第五十四条第一項の認可を受けている者が施行日後に営む漁業が、新漁業法第三十六条第一項の許可を要するものに該当する場合には、当該認可を受けている者は、施行日において新漁業法第三十八条の認可を受けたものとみなす。

3　前二項の規定により受けたものとみなされる許可及び認可の有効期間は、旧漁業法第五十二条第一項、第六十五条第一項若しくは第六十六条第一項の許可又は旧漁業法第五十四条第一項の認可の有効期間の残存期間とする。

（漁業権に関する経過措置）

第九条　この法律の施行の際現に旧漁業法第十条の免許を受けている者は、施行日において新漁業法第六十九条第一項の免許を受けたものとみなす。

2　前項の規定により受けたものとみなされる免許に係る漁業権の存続期間は、旧漁業法第十条の免許に係る漁業権の存続期間の残存期間とする。

第十条　施行日前に旧漁業法第十一条第五項の規定による公示がされ、施行日以後に行われる免許については、なお従前の例による。

第十一条　この法律の施行の際現に旧漁業法第二十六条第一項ただし書の認可を受けている者は、施行日において新漁業法第七十九条第一項ただし書の認可を受けたものとみなす。

（漁業権行使規則及び入漁権行使規則に関する経過措置）

第十二条　この法律の施行の際現に旧漁業法第八条第六項の認可を受けている漁業権行使規則及び入漁権行使規則は、施行日において新漁業法第百六条第七項の認可を受けたものとみなす。

（登録に関する経過措置）

第十三条　この法律の施行の際現に旧漁業法第五十条第一項の規定によりされている登録は、新漁業法第百十七条第一項の規定によりされた登録とみなす。

（海区漁業調整委員会に関する経過措置）

第十四条　公布日以後は、旧漁業法の規定にかかわらず、旧漁業法第八十四条の海区漁業調整委員会の委員の選挙は、行わない。ただし、この法律の公布の際既にその期日が告示されているものについては、この限りでない。

2　公布日（公布日が平成三十年十二月四日以前である場合にあっては、平成三十年十二月五日）以後は、旧漁業法の規定にかかわらず、旧漁業法第八十九条第一項の海区漁業調整委員会委員選挙人名簿は、調製しない。

第十五条　この法律の公布の際現に在任する海区漁業調整委員会の委員であってその任期が平成三十三年三月三十一日前に満了するものの任期は、同日まで延長されるものとする。

2　この法律の施行の際現に在任する海区漁業調整委員会の委員は、その任期満了の日までの間に限り、なお従前の例により在任するものとする。

3　公布日から平成三十三年一月三十一日までの期間内に、旧漁業法第八十五条第三項第一号の委員に欠員が生じた場合にあっては、都道府県知事は、旧漁業法第九十三条の規定にかかわらず、海区漁業調整委員会の委員の被選挙権を有する者として旧漁業法第八十六条第一項に規定する要件（都道府県知事が、同条第二項の規定により、その範囲を拡張し、又は限定したときは、その拡張又は限定されたもの）を満たし、かつ、旧漁業法第八十七条に規定する要件に該当しない者の中から委員を選任することができる。

第十六条　新漁業法第百三十八条及び第百三十九条の規定による海区漁業調整委員会の委員の任命のために必要な行為は、施行日前においても行うことができる。

（処分等の効力）

第二十九条　この法律（附則第一条各号に掲げる規定については、当該各規定。次条において同じ。）の施行の日前に改正又は廃止前のそれぞれの法律の規定によってした又はすべき処分、手続その他の行為であって、改正後のそれぞれの法律に相当の規定があるものは、この附則に別段の定めがあるものを除き、改正後のそれぞれの法律の相当の規定によってした又はすべきものとみなす。

（罰則に関する経過措置）

第三十条　この法律の施行の日前にした行為並びにこの附則の規定によりなお従前の例によることとされる場合及びこの附則の規定によりなおその効力を有することとされる場合におけるこの法律の施行の日以後にした行為に対する罰則の適用については、なお従前の例による。

（政令への委任）

第三十一条　この附則に定めるもののほか、この法律の施行に関し必要な経過措置（罰則に関する経過措置を含む。）は、政令で定める。

（検討等）

第三十三条　政府は、漁業者の収入に著しい変動が生じた場合における漁業の経営に及ぼす影響を緩和するための施策について、漁業災害補償の制度の在り方を含めて検討を加え、その結果に基づいて必要な法制上の措置を講ずるものとする。

2　政府は、前項に定める事項のほか、この法律の施行後十年以内に、この法律による改正後のそれぞれの法律の施行の状況等を勘案し、改正後の各法律の規定について検討を加え、その結果に基づいて必要な措置を講ずるものとする。

（公職選挙法等の一部を改正する法律の一部改正に伴う経過措置）

第七十七条　施行日前に年齢満十八年以上満二十年未満の者が犯した旧漁業法第九十四条において準用する公職選挙法（昭和二十五年法律第百号）に規定する罪の事件についての少年法（昭和二十三年法律第百六十八号）第二十条第一項の決定については、前条の規定による改正後の公職選挙法等の一部を改正する法律附則第五条第一項から第三項までの規定にかかわらず、なお従前の例による。

2　附則第十五条第二項の規定によりなお従前の例により在任する海区漁業調整委員会の委員に係る被選挙権並びに当該委員の解職の請求及び投票に係る選挙権の欠格事由のうち、施行日前に年齢満十八年以上満二十年未満の者が犯した罪に係るものについては、前条の規定による改正後の公職選挙法等の一部を改正する法律附則第五条第四項の規定にかかわらず、なお従前の例による。

附　則（令和元・五・一五法一）抄

（施行期日）

第一条　この法律は、公布の日から施行する。ただし、〔中略〕次条第三項並びに附則〔中略〕第五条の規定は、平成三十一年六月一日から施行する。

（適用区分）

第二条　第一条の規定による改正後の国会議員の選挙等の執行経費の基準に関する法律（以下この項及び次項において「新基準法」という。）の規定（新基準法第十三条の三の規定を除く。）及び次条の規定による改正後の地方自治法（昭和二十二年法律第六十七号）別表第一国会議員の選挙等の執行経費の基準に関する法律（昭和二十五年法律第百七十九号）の項の規定は、この法律の施行の日（以下この項及び次項において「施行日」という。）以後その期日を公示され又は告示される国会議員の選挙、最高裁判所裁判官国民審査又は日本国憲法第九十五条の規定による投票について適用し、施行日の前日までにその期日を公示され又は告示された国会議員の選挙、最高裁判所裁判官国民審査又は日本国憲法第九十五条の規定による投票については、なお従前の例による。

2　新基準法第十三条の三の規定は、公職選挙法第三十条の三第一項に規定する申請の時の属する日（以下この項において「申請の日」という。）が施行日以後である在外選挙人名簿の登録の申請について適用し、申請の日が施行日の前日以前である在外選挙人名簿の登録の申請については、なお従前の例による。

3　第二条の規定による改正後の国会議員の選挙等の執行経費の基準に関する法律の規定、第三条の規定による改正後の公職選挙法の規定、附則第四条の規定による改正後の最高裁判所裁判官国民審査法（昭和二十二年法律第百三十六号）第二十五条第三項及び第四項の規定並びに附則第五条の規定による改正後の漁業法（昭和二十四年法律第二百六十七号）第九十四条（漁業法第九十九条第五項において準用する場合に限る。）の規定は、前条ただし書に規定する規定の施行の日以後その期日を公示され又は告示される選挙、最高裁判所裁判官国民審査、日本国憲法第九十五条の規定による投票又は漁業法第九十九条第三項の規定による解職の投票について適用し、前条ただし書に規定する規定の施行の日の前日までにその期日を公示され又は告示された選挙、最高裁判所裁判官国民審査、日本国憲法第九十五条の規定による投票又は同項の規定による解職の投票については、なお従前の例による。

附　則（令和三・五・一九法三七）抄

（施行期日）

第一条　この法律は、〔中略〕ただし、次の各号に掲げる規定は、当該各号に定める日から施行する。

一　〔前略〕附則〔中略〕第七十一条から第七十三条までの規定　公布の日

二　〔省略〕

三　〔省略〕

四　〔前略〕附則〔中略〕第二十一条〔中略〕の規定　公布の日から起算して一年を超えない範囲内において、各規定につき、政令で定める日

五　〔省略〕

六　〔省略〕

七　〔省略〕
八　〔省略〕
九　〔省略〕
十　〔省略〕

（罰則に関する経過措置）

第七十一条　この法律（附則第一条各号に掲げる規定にあっては、当該規定。以下この条において同じ。）の施行前にした行為及びこの附則の規定によりなお従前の例によることとされる場合におけるこの法律の施行後にした行為に対する罰則の適用については、なお従前の例による。

（政令への委任）

第七十二条　この附則に定めるもののほか、この法律の施行に関し必要な経過措置（罰則に関する経過措置を含む。）は、政令で定める。

附　則（令和六・六・二六法六六）抄

（施行期日）

第一条　この法律は、公布の日から起算して二年を超えない範囲内において政令で定める日から施行する。〔令和六年政令第四〇〇号で同八年四月一日から施行〕ただし、次の各号に掲げる規定は、当該各号に定める日から施行する。

一　附則〔中略〕第八条の規定　公布の日

二　第一条中漁業法第五十二条に一項を加える改正規定、同法第百九十六条の改正規定、同法第百九十五条の改正規定、同法第百九十四条の改正規定（「前条第三号」を「前条第五号」に改める部分に限る。）、同法第百九十三条の改正規定、同法第百九十一条の改正規定、同法第百九十条の改正規定及び同法第百八十九条の改正規定並びに次条の規定　公布の日から起算して二十日を経過した日〔令和六年七月一六日〕

三　〔省略〕

（経過措置）

第二条　前条第二号に掲げる規定の施行の日からこの法律の施行の日（以下「施行日」という。）の前日までの間における第一条の規定（同号に掲げる改正規定を除く。）による改正前の漁業法第百九十七条の規定の適用については、同条中「前条第一号若しくは第二号」とあるのは、「前条第一項」とする。

第七条　この法律の施行前にした行為に対する罰則の適用については、なお従前の例による。

（政令への委任）

第八条　附則第二条から前条までに定めるもののほか、この法律の施行に関し必要な経過措置（罰則に関する経過措置を含む。）は、政令で定める。

（検討）

第九条　政府は、この法律の施行後五年を目途として、この法律による改正後のそれぞれの法律の規定について、その施行の状況等を勘案しつつ検討を加え、必要があると認めるときは、その結果に基づいて必要な措置を講ずるものとする。

〈重要法令シリーズ131〉

漁業法
〔令和6年改正〕

2025年2月25日　第1版第1刷発行

発行者　今井　貴
発行所　株式会社 信山社
〒113-0033 東京都文京区本郷6-2-9-102
Tel 03-3818-1019
Fax 03-3818-0344
info@shinzansha.co.jp
出版契約 No.2025-6111-0-01010　Printed in Japan

印刷・製本／亜細亜印刷・渋谷文泉閣
ISBN978-4-7972-6111-0　012-020-005 C3332
分類323.900.e131 P278. 行政法

研究雑誌一覧

信山社の研究雑誌は、
確実にお手元に届く定期購読がおすすめです。　2025年2月現在
書店・生協・Amazonや楽天などオンライン書店でもお買い求めいただけます。

憲法研究　辻村みよ子 責任編集　既刊15冊　年2回(5月・11月)刊
変容する世界の憲法動向をふまえて、基礎原理論に切り込む憲法学研究の総合誌

行政法研究　宇賀克也 創刊（責任編集：1～30号）
行政法研究会 編集（31号～）　既刊58冊　年4～6回刊
重要な対談や高質の論文を掲載、行政法理論の基層を探求し未来を拓く！

民法研究 第2集　大村敦志 責任編集　既刊11冊　年1回刊
国際学術交流から日本民法学の地平を拓く新たな試み

民法研究（1～7号 終）　広中俊雄 責任編集　全7冊　終刊
理論的諸問題と日本民法典の資料集成で大枠を構成、民法理論の到達点を示す

消費者法研究　河上正二 責任編集　既刊15冊　年1～2回刊
消費者法学の現在を的確に捉え、時代の変容もふまえた確かな情報を提供

環境法研究　大塚　直 責任編集　既刊20冊　年2～3回刊
理論・実践両面からの環境法学の再構築をめざす、環境法学の最前線がここに

医事法研究　甲斐克則 責任編集　既刊9冊　年1回刊
「医療と司法の架橋」による医事法学のさらなる深化と発展をめざす

国際法研究　岩沢雄司・中谷和弘 責任編集　既刊14冊　年1回刊
国際法学の基底にある蓄積とその最先端を、広範かつ精緻に検討

ＥＵ法研究　中西優美子 責任編集　既刊16冊　年1～2回刊
進化・発展を遂げるEUと〈法〉の関係を、幅広い視野から探究するEU法専門雑誌

法と哲学　井上達夫 責任編集　既刊10冊　年1回刊
法と哲学のシナジーによる〈面白き学知〉の創発を目指して

社会保障法研究　岩村正彦・菊池馨実 編集　既刊21冊　年1～2回刊
法制度の歴史や外国法研究も含め政策・立法の基礎となる論巧を収載

法と社会研究　太田勝造・佐藤岩夫・飯田　高 責任編集　既刊9冊　年1回刊
法と社会の構造変容を捉える法社会学の挑戦！法社会学の理論と実践を総合的考察

法の思想と歴史　大中有信・守矢健一 責任編集　既刊4冊　年1～2回刊
【石部雅亮 創刊】法曹の原点に立ち返り､比較史的考察と現状分析から､法学の「法的思考」に迫る

法と文化の制度史　山内　進・岩谷十郎 責任編集　既刊6冊　年2回予定
国家を含む、文化という広い領域との関係に迫る切り口を担保する

人権判例報　小畑　郁・江島晶子 責任編集　既刊9冊　年2回刊
人権論の妥当普遍性の中身を問う。これでいいのか人権論の現状

ジェンダー法研究　浅倉むつ子・二宮周平・三成美保 責任編集　既刊11冊　年1回刊
既存の法律学との対立軸から、オルタナティブな法理を構築する

法と経営研究　上村達男・金城亜紀 責任編集　既刊7冊　年2回刊
「法」と「経営」の複合的視点から、学知の創生を目指す

メディア法研究　鈴木秀美 責任編集　既刊2冊　年1回刊
メディア・放送・表現の自由・ジャーナリズムなどに関する法学からの総合的検討

農林水産法研究　奥原正明 責任編集　既刊4冊　年2回刊
食料安全保障を考える。国際競争力のある成長産業にするための積極的考察・提案

詳細な目次や他シリーズの書籍は、
信山社のホームページをご覧ください。
https://www.shinzansha.co.jp
またはこちらから →

信山社
〒113-0033　東京都文京区本郷6-2-9
TEL:03-3818-1019　FAX：03-3811-3580
03-3818-0344（代表）

憲法研究　辻村みよ子 責任編集

第15号　菊変・並製・180頁　定価：3, 960円（本体3, 600円+税）

特集 日本の人権状況への国際的評価と憲法学【企画趣旨:毛利　透】

国際組織・国際 NGO の人権保障のための諸活動と憲法学〔手塚崇聡〕
日本における国内人権機関の可能性〔初川　彬〕
国家主体の国籍から個人主体の国籍へ〔髙佐智美〕
外国人の退去強制手続に際しての身柄収容に対する国際人権基準からの評価と憲法〔大野友也〕
ジェンダー不平等に関する国際指標のレレバンスについて〔西山千絵〕
日本の人権状況への「国際的評価」を評価する〔齊藤笑美子〕
憲法上の権利としての親権と国際人権〔中岡　淳〕
報道の自由〔君塚正臣〕
人権条約における憎悪扇動表現規制義務と日本の対応〔村上　玲〕
民族教育の自由と教育を受ける権利〔安原陽平〕
【投稿論文】議会における規律的手段の日英議会法比較〔柴田竜太郎〕
【書評】赤坂幸一『統治機構論の基層』〔植松健一〕／森口千弘『内心の自由』〔堀口悟郎〕

行政法研究　宇賀克也 創刊（責任編集：1 ～ 30 号）　行政法研究会 編集（31 号～）

第58号　菊変・並製・256頁　定価：4, 620円（本体4, 200円+税）

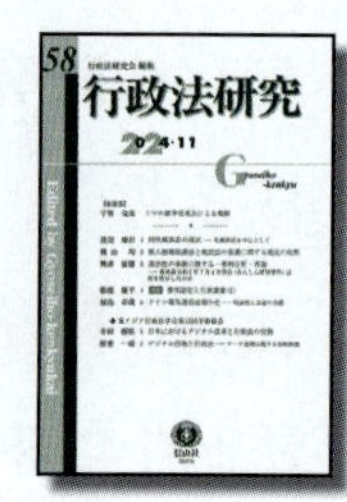

【巻頭言】スマホ競争促進法による規制〔宇賀克也〕
1 同性婚訴訟の現状〔渡辺康行〕
2 個人情報保護法と統計法の保護に関する規定の比較〔横山　均〕
3 違法性の承継に関する一事例分析・再論〔興津征雄〕
4〈連載〉事実認定と行政裁量（1）〔船渡康平〕
5 ドイツ電気通信法制小史〔福島卓哉〕

東アジア行政法学会第 15 回学術総会

1 日本におけるデジタル改革と行政法の役割〔寺田麻佑〕
2 デジタル技術と行政法〔稲葉一将〕

民法研究 第2集　大村敦志 責任編集

第11号〔フランス編2〕　菊変・並製・184頁　定価3,960円（本体3,600円+税）

第 1 部　ボワソナードと比較法，そして日本法の将来

はじめに〔山元　一〕
ボワソナードの立法学〔池田眞朗〕
「フランス民法のルネサンス」その前後〔大村敦志〕
ボワソナードの比較法学の方法に関する若干の考察〔ベアトリス・ジャリュゾ（辻村亮彦 訳）〕
「人の法」を作らなかった二人の比較法学者〔松本英実〕
失われた時を求めて〔イザベル・ジロドゥ〕

第 2 部　講　演

【講演 1】フランス契約法・後見法の現在
トマ・ジュニコン（岩川隆嗣 訳）、シャルロット・ゴルディ＝ジュニコン（佐藤康紀 訳）
【講演 2】連続講演会「財の法の現在地」
横山美夏、レミィ・リブシャベール（村田健介 訳、荻野奈緒 訳）

民法研究レクチャー

高校生との対話による
次世代のための法学レクチャー

憲法・民法関係論と公序良俗論　山本敬三 著
四六変・並製・144頁　定価1, 650円(本体1, 500円+税)

所有権について考える　道垣内弘人 著
四六変・並製・112頁　定価1, 540円(本体1, 400円+税)

グローバリゼーションの中の消費者法　松本恒雄 著
四六変・並製・124頁　定価1, 540円(本体1, 400円+税)

法の世界における人と物の区別　能見善久 著
四六変・並製・152頁　定価1, 650円(本体1, 500円+税)

不法行為法における法と社会　瀬川信久 著
四六変・並製・104頁　定価968円(本体880円+税)

民法研究　広中俊雄 責任編集

第７号

菊変・並製・160頁　定価3, 850円(本体3, 500円+税)

近代民法の原初的構想〔水林　彪〕
《本誌『民法研究』の終刊にあたって》二人の先生の思い出〔広中俊雄〕

第６号

菊変・並製・256頁　定価5, 720円(本体5, 200円+税)

民法上の法形成と民主主義的国家形態〔中村哲也〕
「責任」を負担する「自由」〔蟻川恒正〕

第５号

菊変・並製・152頁　定価3, 850円(本体3, 500円+税)

近代民法の本源的性格〔水林　彪〕
基本権の保護と不法行為法の役割〔山本敬三〕
『日本民法典資料集成』第１巻の刊行について（紹介 ）〔瀬川信久〕

消費者法研究　河上正二 責任編集

第15号

菊変・並製・156頁　定価3, 300円(本体3, 000円+税)

【巻頭言】食品規制について〔河上正二〕

特集　消費者法の現代化をめぐる比較法的検討

1　消費者法の比較法的検討の意義〔中田邦博〕
2　EU 消費者法・イギリス消費者法の展開と現状〔カライスコス アントニオス〕
3　ドイツにおける消費者法の現代化〔寺川　永〕
4　フランス消費法典の「現代化」〔大澤　彩〕
5　アメリカ消費者法と現代化の諸相〔川和功子〕
6　比較法から見た日本の消費者法制の現代化に向けた課題と展望〔鹿野菜穂子〕

【翻訳１】EU 私法と EU 司法裁判所における不公正契約条項
〔ユルゲン・バーゼドー／(監訳)中田邦博, (訳)古谷貴之〕

【翻訳２】ディーゼルゲート
〔バルター・ドラルト, クリスティーナ・ディーゼンライター／(監訳)中田邦博, (訳)古谷貴之〕

環境法研究　大塚　直 責任編集

第20号

菊変・並製・164頁　定価：本体4,180円（3,800円+税）

特集１　循環に関する国の政策・立法

１　資源循環の促進のための再資源化事業等の高度化に関する法律〔角倉一郎〕

特集２　太陽光発電パネルの資源循環

特集に当たって〔大塚　直〕

１　英国における太陽光発電パネル資源循環〔柳憲一郎・朝賀広伸〕

２　アメリカの使用済み太陽光発電パネルに関する法政策〔下村英嗣〕

３　オーストラリアの使用済み太陽光発電パネルに関する法制度〔野村摂雄〕

４　中国における太陽光パネルリサイクルの法的枠組み〔山田浩成〕

【論説】生物多様性ネットゲインの政策的意義〔二見絵里子〕

環境法研究 別冊

気候変動を巡る法政策　大塚　直 編

A5変・並製・448頁　定価7,480円（本体6,800円+税）

大転換する気候変動対策の緊急的課題と、世界と日本の法状況を掘り下げ、最新テーマを展開・追究する充実の「環境法研究別冊」第２弾。

持続可能性環境法学への誘い〔浅野直人先生喜寿記念〕

柳　憲一郎・大塚　直 編

菊変・並製・184頁　定価4,180円（本体3,800円+税）

持続可能性環境法学を問う『環境法研究別冊』。浅野直人先生の喜寿を記念して、環境法研究の第一人者６人による注目の論文集。

医事法研究　甲斐克則 責任編集

第９号

菊変・並製・224頁　定価4,290円（本体3,900円+税）

第１部　論　説

医事法的観点からみた着床前遺伝学的検査〔江澤佐知子〕

第２部　国内外の動向

１「共生社会の実現を推進するための認知症基本法」について〔加藤摩耶〕

２　第53回日本医事法学会研究大会〔天田　悠〕

３　旧優生保護法調査報告書についての検討と残された課題〔神谷惠子〕

４　統合的医事法学を志したアルビン・エーザー博士のご逝去を悼む〔甲斐克則〕

【医事法ポイント判例研究】

日山恵美・辻本淳史・上原大祐・増田聖子・大澤一記・清藤仁啓・勝又純俊・小池　泰・平野哲郎

【書評】１　甲斐克則編『臨床研究と医事法（医事法講座第13巻）』（信山社，2023年）〔瀬戸山晃一〕

２　川端　博『死因究明の制度設計』（成文堂，2023年）〔武市尚子〕

国際法研究 岩沢雄司 中谷和弘 責任編集

第14号

菊変・並製・228頁　定価4,620円（本体4,200円+税）

WTO 貿易と環境委員会の教訓〔早川　修〕
EU における自由貿易と非貿易的価値との均衡点の模索〔中村仁威〕
越境サイバー対処措置の国際法上の位置づけ〔西村　弓〕
条約の締結と国会承認〔大西進一〕
気候変動訴訟における将来世代の権利論〔鳥谷部壌〕
エネルギー憲章条約と EU 内投資仲裁〔湊健太郎〕
「代理占領」における非国家主体としての武装集団とその支援国家との関係が派生する種々の法的帰結に関する考察（下）〔新井　穣〕
千九百九十四年の関税及び貿易に関する一般協定第 21 条の不確定性（下）〔塩尻康太郎〕
【書評】中村仁威著『宇宙法の形成』(信山社，2023 年)〔福嶋雅彦〕
【判例 1】カンボジア特別法廷における JCE 法理〔後藤啓介〕
【判例 2】潜在的受益適格者数，賠償金額の算出，共同賠償責任，強姦および性的暴力の結果生まれた子どもの直接被害者認定〔長澤　宏〕

ＥＵ法研究 中西優美子 責任編集

第16号

菊変・並製・148頁　定価3,960円（本体3,600円+税）

【巻頭言】欧州委員会委員の承認における欧州議会の権限〔中西優美子〕
欧州議会の権限強化と欧州委員会の政治化〔中西優美子〕
ヨーロッパ人権裁判所と性的マイノリティの権利〔エドアルド・ストッピオーニ（渡辺　豊 訳）〕
【最新動向】国際海洋法裁判所「気候変動事件」勧告的意見裁判における EU の主張〔佐古田　彰〕
　　EU 運営条約 102 条ガイダンスの改訂〔杉崎　弘〕
【第 5 回ヨーロッパ法判例研究】予防原則の適用と「便益と費用の検討」〔増沢陽子〕
【第 6 回ヨーロッパ法判例研究】プロバイダの役割と責任〔加納昌彦〕
【書評】山根裕子著『歴史のなかの EU 法』〔多田英明〕

法と哲学 井上達夫 責任編集

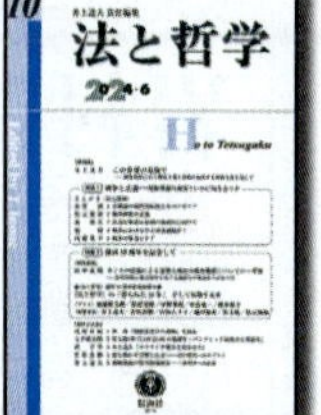

第10号

菊変・並製・396頁　定価4,950円（本体4,500円+税）

【巻頭言】この世界の荒海で〔井上達夫〕

特集Ⅰ 戦争と正義

松元雅和・有賀　誠・森　肇志・郭　舜・内藤葉子

特集Ⅱ 創刊 10 周年を記念して

【特別寄稿】カントの法論による道徳と政治の媒介構想についての一考察〔田中成明〕
【『法と哲学』創刊 10 周年記念座談会】『法と哲学』の「得られた 10 年」，そして目指す未来
　〈ゲスト〉加藤新太郎／松原芳博／宇野重規／中山竜一／橋本祐子
　〈編集委員〉井上達夫／若松良樹／山田八千子［司会］／瀧川裕英／児玉聡／松元雅和
【書評と応答】浅野有紀・玉手慎太郎・西　平等・若松良樹・井上達夫

〔法と哲学新書〕

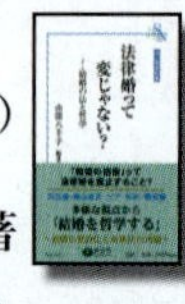

法律婚って変じゃない？ 新書・並製・324頁　定価1,628円（本体1,480円+税）
山田八千子 著
安念潤司・大島梨沙・若松良樹・田村哲樹・池田弘乃・堀江有里 著

ウクライナ戦争と向き合う 新書・並製・280頁　定価1,320円（本体1,200円+税）
井上達夫 著

くじ引きしませんか？ 新書・並製・256頁　定価1,078円（本体980円+税）
瀧川裕英 編著
岡﨑晴輝・古田徹也・坂井豊貴・飯田　高 著

タバコ吸ってもいいですか 新書・並製・264頁　定価1,078円（本体980円+税）
児玉　聡 編著
奥田太郎・後藤　励・亀本　洋・井上達夫 著

社会保障法研究　岩村正彦・菊池馨実 編集

第21号

菊変・並製・180頁　定価3,850円（本体3,500円+税）

特集 困難を抱える若者の支援

第1部 座談会〔困難を抱える若者の現況と支援のあり方〕
菊池馨実・朝比奈ミカ・遠藤智子・前川礼彦・常森裕介・嵩さやか

第2部 研究論文
困難を抱える若者の社会保障〔常森裕介〕
こども・若者の自立と生活保護制度〔倉田賀世〕
若年障害者の自立・社会参加に向けた法政策上の課題〔永野仁美〕

【立法過程研究】次元の異なる少子化対策と安定財源確保のためのこども・子育て支援の見直しについて〔東　善博・渡邊由美子〕

岩村正彦・菊池馨実 監修
社会保障法研究双書

社会保障法を法体系の中に位置づける理論的営為。政策・立法の検討・分析のベースとなる基礎的考察を行なう、社会保障法学の土台となる研究双書。

社会保障法の法源

山下慎一・植木 淳・笠木映里・嵩さやか・加藤智章 著

菊変・並製・210頁　定価2,200円（本体2,000円+税）

研究雑誌「社会保障法研究」から、〈法源〉の特集テーマを1冊に。横断的な視座から社会保障法学の変容と展開と考察。

法と社会研究　太田勝造・佐藤岩夫・飯田 高 責任編集

第９号

菊変・並製・168頁　定価4, 180円（本体3, 800円+税）

【巻頭論文】法社会学とはどのような学問か〔馬場健一〕

【特別論文】法社会学における混合研究法アプローチの可能性〔山口　絢〕

『日本の良心の囚人』の執筆について〔ローレンス・レペタ〕

「社会問題」を発信する法学者〔郭　薇〕

小特集　弁護士への信頼と選択

村山眞維、太田勝造、ダニエル・H・フット、杉野 勇、飯 考行、石田京子、森 大輔、椛嶋裕之

法の思想と歴史　大中有信・守矢健一 責任編集［創刊　石部雅亮］

第４号

菊変・並製・164頁　定価4, 180円（本体3, 960円+税）

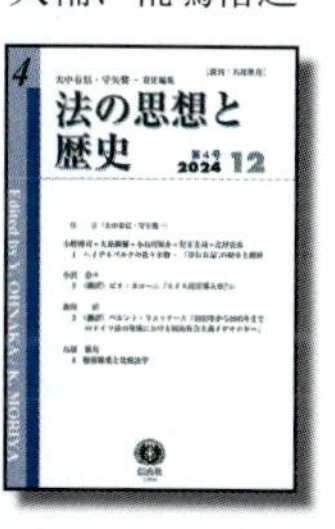

序　言〔大中有信・守矢健一〕

1　ハイデルベルクの佐々木惣一「洋行日記」の紹介と翻刻〔小野博司＝大泉陽輔＝小石川裕介＝兒玉圭司＝辻村亮彦〕

2　(翻訳)ピオ・カローニ『スイス民法導入章』(1)〔小沢奈々〕

3　(翻訳)ベルント・リュッタース「1933年から1945年までのドイツ法の発展における国民社会主義イデオロギー」〔森田　匠〕

4　穂積陳重と比較法学〔石部雅亮〕

法と文化の制度史　山内　進・岩谷十郎 責任編集

第６号

菊変・並製・224頁　定価4, 180円（本体3, 800円+税）

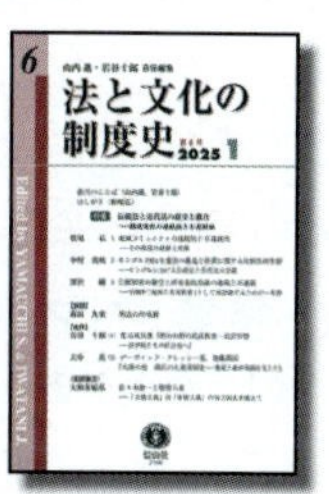

特集　伝統法と近代法の混交と融合

1　地域コミュニティの連続性と不連続性〔松尾　弘〕

2　モンゴル1924年憲法の構造と特質に関する比較法的考察〔中村真咲〕

3　公園制度の継受と所有者的意識の連続と不連続〔深沢　瞳〕

【論説】明治の吟味願〔髙田久実〕

【書評】『明治中期の民法教育・民法学習』〔岩谷十郎〕／『火薬の母　硝石の大英帝国史』〔大中　真〕

【査読論文】佐々木惣一と穂積八束〔大和友紀弘〕

人権判例報　小畑　郁・江島晶子 責任編集

第９号

菊変・並製・148頁　定価3, 520円（本体3, 200円+税）

【論説】性的マイノリティに関するヨーロッパ人権裁判所の判例〔齊藤笑美子〕

【判例解説】ゴーラン判決〔山本龍彦〕／グルゼダ判決〔須網隆夫〕／NIT対モルドバ判決〔杉原周治〕／ヴィラビアン勧告的意見〔前田直子〕／カバラ判決（不履行確認訴訟）〔竹内　徹〕／ダルボーおよびカマラ判決〔川村真理〕／ドゥレロン判決〔北村理依子〕／H. F. 対フランス判決〔秋山　肇〕／デ・レジェ判決〔中島洋樹〕／モルティエ判決〔小林真紀〕／ブトン判決〔橋爪英輔〕／ムハンマド判決およびバス判決〔奈須祐治〕／クピンスキー判決〔里見佳香〕

ジェンダー法研究　浅倉むつ子・二宮周平・三成美保 責任編集

第11号　菊変・並製・232頁　定価4,400円(本体4,000円+税)

特集1 日本のジェンダーギャップ指数はなぜ低いのか？

三成美保、大山礼子、川口　章、野田滉登、小玉亮子、白井千晶

特集2 トランスジェンダーの尊厳

二宮周平、大山知康、臼井崇来人、永野　靖、石橋達成、立石結夏、渡邉泰彦

〈小特集〉性売買をめぐる法政策　大谷恭子、浅倉むつ子

【立法・司法・行政の新動向】黒岩容子

法と経営研究　上村達男・金城亜紀 責任編集

第７号　菊変・並製・226頁　定価4,950円(本体4,500円+税)

【対談】『制定法』は多彩な law の表現〔三瓶裕喜・上村達男〕
1　四十歳 パイオニアの軌跡　米国弁護士 本間道治〔平田知広〕
2　新しい株式会社(観)を考える〔末村　篤〕
3　会社解散命令と取締役の資格剥奪制度について〔西川義晃〕
4　日本における取締役会構成の現状と多様性確保のためのルールメイキング〔菱田昌義〕
5　連結会計制度と総合商社の事業投資〔畑　憲司〕
【連載】久世暁彦・佐藤秀昭　　【講演記録】上村達男
【大人の古典塾】近藤隆則　　【コラム】尾関　歩・田島安希彦・内藤由梨香

メディア法研究　鈴木秀美 責任編集

第２号　菊変・並製・192頁　定価3,960円(本体3,600円+税)

特集 ヘイトスピーチ規制の現在

1　カナダのヘイトスピーチ規制の現在〔松井茂記〕
2　ドイツにおけるヘイトスピーチ規制の現在〔鈴木秀美〕
3 Mode of Expression 規制の可能性〔駒村圭吾〕
4　差別的表現規制の広がりと課題〔山田健太〕
5　人種等の集団に対する暴力行為を扇動する表現の規制についての一考察〔小谷順子〕
6「プラットフォーム法」から見たヘイトスピーチ対策〔水谷瑛嗣郎〕
7　北アイルランドにおける同性婚に関する表現の自由及び信教の自由の保護〔村上　玲〕
【海外動向】メルケル首相による AfD 批判と「戦う民主主義」〔石塚壮太郎〕

農林水産法研究　奥原正明 責任編集

第４号　菊変・並製・168頁　定価3,300円(本体3,000円+税)

Ⅰ 政策提案

農地の集積・集約化に関する政策提案〔奥原正明〕／「未来の農業を考える勉強会」の提言について〔平木　省〕／三重県の新たな農地利用の取り組み〔浅井雄一郎、村上　亘〕

Ⅱ 2024年に制定された農林水産法について

基本政策〔大泉一貫〕〔佐藤庸介〕／有事対応〔小嶋大造〕／農地関連法〔奥原正明〕／スマート農業〔井上龍子〕／水産業〔辻　信一〕